みるみる成果が上がる！

ランディングページ制作入門講座

制作入門講座

片岡亮太
RYOTA KATAOKA

はじめに

　はじめまして。フリーランスWebデザイナーの片岡亮太と申します。

　本書は、私が2014年からWeb制作のフリーランスとして活動を始め、約500件以上の
ランディングページ制作に関わってきた実績と経験を通じて、得られた知識を体系的にま
とめた一冊です。2024年2月27日に電通が発表した「2023年日本の広告費」によると、
国内のインターネット広告費はすでに3兆円を超えました。それらのネット広告を通じて、
ユーザーが最初に着地するページである「ランディングページ（LP）」の重要性は、今後も
ますます高まり続けることが容易に予想できます。また、ChatGPTや画像生成AI、ノーコ
ードツールが今後さらなる進化を遂げていく中で、LP制作含めたWeb制作の現場や制作
工程は大きく様変わりしていくことでしょう。

　ですが、どれだけ人工知能が進化しようが成約率100%のLPを生成することは不可能だ
と私は見ています。本書で解説しているLP制作で必須の概念や法則を学ばずに、便利なAI
やツールで感覚的にLPを作っても、成約率は上がるどころか、どんどん落ちていく一方で
しょう。なぜなら、そんな販売者の熱意が感じられないLPでは簡単に勝てないほど、競合
他社との競争が激しくなっているからです。無数の情報が流れては消えていく状況の中で、
ユーザーの目に留まり、記憶に残り、行動を起こしてもらうLPを作るための具体的な方法
や着眼点は何か？といった目的意識を強く持って、私は今回この本を書きました。

　本書はゼロからLP制作を学ぶWebデザイナー、Webマーケター、中小企業の経営者な
どを対象としています。また、筆者自身が実際にLPデザインを担当するWebデザイナー
であることも、これまでマーケターや広告運用担当者の方々が出版してきたLP制作関連書
籍とは大きく異なる点といえます。

　LP制作とは、マーケティング・ライティング・デザイン・広告といった様々な分野が複
雑に絡み合う営みです。商品やサービス、販売方法や制作条件によって、最適解が目まぐ
るしく変わる世界です。そんな正解のないLP制作の現場で、成果を生み出すために欠かせ
ない思考の土台を身につけ、自信をもって最初の一歩を踏み出すためのガイドブックとし
て本書を有効活用して頂ければ幸いです。

CONTENTS

第3章 売れる仕組みをつくる LPマーケティング

第4章 商品の魅力を伝える LPライティング

第5章 コンバージョンを増やすための
LPデザイン

第6章 効果を引き出すための
LP広告運用

第7章　改善にも使える！LP制作 エリア別デザインテクニック

第8章　知っておいて損はない LP制作の周辺知識

第 1 章

ランディングページ
とは何か？

LPを学ぶ上で、基本となる概念や歴史、ホームページとの違いを解説していきます。そのあと、LPの基本的な種類やメリット・デメリットなどビジネスでLPを活用する上で知っておきたい知識を学びます。

1 | そもそも LP<small>（ランディングページ）</small> はどういうもの？

> まずは、LP（ランディングページ）とは何か？から始めていきます。
> LPというWebページの意味や目的を理解することは、LP制作を学ぶ上での第一歩です。

ランディングページとは何か？

　一般的な書籍やスクールなどでは、ランディングページについて以下のように教えられることがほとんどです。

> **ランディングページ（LP）＝ユーザーが最初に着地するWebページ**

　"ランディング"とは、着地点という意味であり、ランディングページ（以下LPと省略）とは主にWeb広告やSNSなどのリンクから流入したユーザーが最初に着地するWebページのことを指します。

　そこで、本書では、この定義をもう少し深掘りしてみることにします。

どこから着地するのか？　そしてどこに飛び立つのか？

　LPを作る上で大切なのは、ユーザーはどこかの場所から飛んで来て、必ず別の場所に向かって飛び立つ必要があると意識することです。

　商品・サービスを特定のユーザーに売るために、誰でもいいから無理やりLPに誘導して読ませて、それで終わりでは、わざわざLPを作る意味はありません。

　LPでは、こちらが狙ったユーザーを入り口から正しく着地させ、こちらが事前に用意した出口に向けて飛び立たせる必要があるというわけです。

　特定のユーザーに入り口から流入してもらい、そのユーザーに対して商品の特長や強みをアピールし、販売や予約といった出口まで的確に誘導することが、LPというWebページの主な役割になります。

LPには成約をさせるための明確な設計が必要！

　世の中の成約率が低いLPというのは、この「入口」と「出口」の設計がとても曖昧なケースがほとんどです。

　"誰に何をさせたいのか？"という点が設計不足のLPでは、いくら力強いメッセージが書いてあっても全く信用されませんし、どんなに美しいデザインを用意してもユーザーの心を動かすことはできません。

▼ LPの定義

教科書的な定義

LP ＝ ユーザーが最初に着地するページ

もう少し意味を深堀りすると…

LP は以下の3つの局面に分けられる

入口	着地	出口
良い商品やサービスなのかな〜？	決めた！これにしよう	良い買い物だったわ！

着地 Landing　　離陸 take off　　OK!!

主な流入経路		主な誘導先
SEO・インターネット広告・SNS・DM・チラシ・QRコード	LP	申し込み・問い合わせフォーム・電話予約・来店…など

この流れを計画的・意図的に構築するのが、LP 制作である

自分の利益だけのLPからユーザーを幸せにするLPへ

ところで、SNSやWebサイトからLPに誘導したものの、ものすごく成約率が低く、全く結果が出ないダメなLPの一番の問題点は、一体何でしょうか？

たとえば、次のような原因が考えられます。

- ターゲットやペルソナが設定不足
- ライティングや構成案の質が低い
- デザインのクオリティが不足している

上記のようなデザインやマーケティング、ライティングに関する知識不足やスキル不足が原因で結果が出ない場合もあります。ただ、それだけがダメなLPの根本的な原因というわけではありません。

販売者と制作者だけが満足するのはダメなLPの典型

根本的にダメなLPというのは、商品やサービスの"販売者"とLPの"制作者"だけが利益を得ようとしているLPと私は考えています。

ターゲットやライティング、デザインうんぬんではなく、そもそも販売者と制作者がユーザーを無視して自分の利益を優先しているからこそ、ダメなLPはどれだけ改善しても全く成果が出ないのです。

例えば、販売者が「商品やサービスの中身はともかく、成約数が増えて売上が増えればいい」と思っていたり、LP制作者が「自分の世界観をLPデザインで表現したい」といったクリエイターとしてのエゴを押し通そうとして、実際にLPを読むユーザーへの配慮を欠いているのは、一番ダメなLPの典型例です。

全てのLPはユーザーのために存在し、最終的にLPに出会ったユーザーには求めていた幸せな結末を手にしてもらわなければいけません。

この視点は、本書でLP制作を解説していく上で、全ての土台となる考え方です。

あなたの商品やサービスを求めるユーザーと出会うきっかけを生み出し、彼らが良い結末を迎えることができるように努めていきましょう。

▼ 良いLPとダメなLP

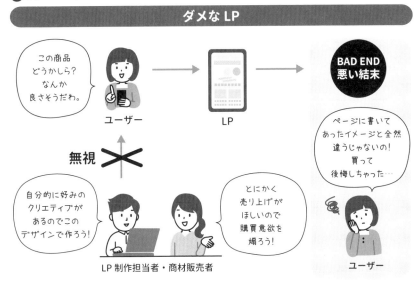

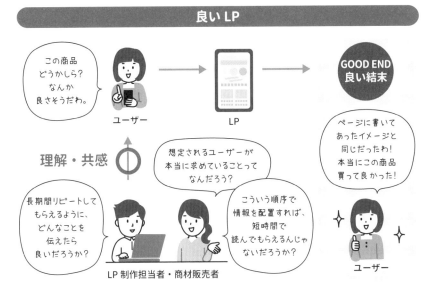

LP制作者と商材販売者が共にユーザーの方向を向いて考えながら
LPを通じてユーザーに良い結末を迎えてもらうのが最大の目的

2 | LPはどんな変遷をして、今に至ったのでしょうか？

ランディングページの本質について学んだら、次はランディングページの歴史を簡単に振り返ってみましょう。

世界初のランディングページとは？

今でこそ、インターネット上のあらゆる場所で見かけるランディングページですが、実際にランディングページ（LP）という媒体がこの世に生まれたのは一体いつ頃かご存知でしょうか？

LPの発生起源については諸説ありますが、「世界初のランディングページ」といえるものをあえて挙げるとするならば、1994年に雑誌『Wired』のデジタル版「Hot Wired」に掲載したAT＆T等の企業のバナー広告が候補になりうるでしょう（※当時他にも同時にいくつか出稿されたバナー広告の中のひとつ）。

日本では1995年のWindows95登場をきっかけに、一般層にインターネットという新しいネットワークのしくみが浸透していきますが、その前年にはすでに世界初のバナー広告とLPが登場していたというわけです。

1994年〜世界初のバナー広告＆LP

それでは、世界で一番最初に作られたバナー広告とLPを見てみましょう。

1994年にはすでにこのようなLPの原型が存在していたという歴史的事実を知っておくのはとても大切です。

なぜなら、インターネットが未発達の時代から

❶ 特定のテーマに興味関心があるユーザーにバナーをクリックさせる
❷ そのユーザーが求めていると思われる情報を提供する
❸ 最終的に別の出口（リンク集やアンケートフォーム）を用意する

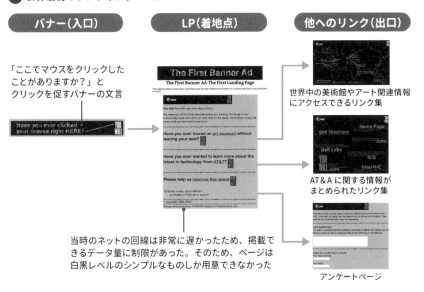

▼ 世界最初のランディングページ

バナー(入口) 　　　　LP(着地点) 　　　　他へのリンク(出口)

「ここでマウスをクリックした
ことがありますか?」と
クリックを促すバナーの文言

世界中の美術館やアート関連情報
にアクセスできるリンク集

AT&Aに関する情報が
まとめられたリンク集

当時のネットの回線は非常に遅かったため、掲載で
きるデータ量に制限があった。そのため、ページは
白黒レベルのシンプルなものしか用意できなかった

アンケートページ

といったLPとしての導線を設計し、意図的にユーザーを導くことを先駆者たち
が狙っていたことが伺えるからです。

デザインやテクノロジーがどれだけ進化したとしても、LPが果たす目的は当時
と共通していることがわかります。

また、1996年には「ランディングページ最適化」を意味するLPO (Landing
Page Optimization) という言葉も登場し、offermaticaなど"LPOベンダー"と
いう組織がツールを提供し始めていました。

LPの歴史はまさにインターネットの歴史と共に歩んできたことが、こうした歴
史的背景からも理解できます。

2000年〜世界で初めての検索連動型広告が登場する

さらに2000年、Googleが世界で初めて検索エンジンに検索連動型広告を実装
し、ユーザーの検索語句に応じて検索結果に広告が表示される仕組みを開発しまし
た。

検索連動型広告とは、検索キーワードの検索結果上部に広告枠を設けて、そのキ
ーワードにあらかじめ入札している会社のページが優先的に上位表示されるという

システムです。これにより、各企業は検索したユーザーに直接自社のページを見せて訴求できるようになりました。

　すると、同業他社との厳しい競争に勝ち抜きたい企業同士が、広告枠に出稿する自らのホームページを検索ユーザーに合わせて最適化していく動きが次第に活発化していったのです。

　検索ユーザーに合わせて最適化するということは、単にホームページを通じてユーザーに情報を探してもらうのではなくて、直接的に悩みや要望を解決できる商品やサービスの情報提供ページを用意するということです。

　こうして、昨今私たちが普段からよく見る縦型１ページで簡潔かつ明確にサービスを説明して申し込んでもらうという一般的なランディングページの形式が必然的に生まれていったというわけです。

　以上のように、LPの歴史を知るということは、これだけ多様なWeb媒体が増えた現代において、LPの存在意義を確認する上でもとても重要です。

▼ LPの歴史（検索連動型広告の登場からLPOまでのWebの歴史）

検索連動型広告の登場（2000年頃）

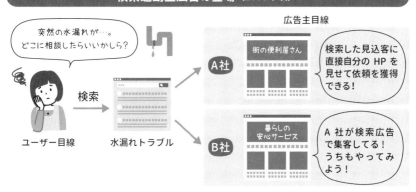

HPがユーザーの検索意図に合わせて最適化（2000～2010年頃）

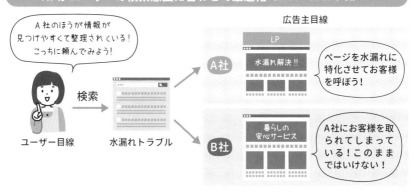

ランディングページ最適化（LPO）がビジネスの大きな勝負の分かれ目に（2010年以降）

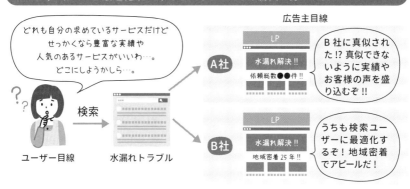

3 LPとHPの違いを押さえよう

ランディングページの歴史を踏まえた上で、改めてランディングページとホームページの違いを理解していきましょう。

▌LPはHPと何が違うか？

LP制作で失敗する最も大きな原因の１つが、HP（ホームページ）との区別ができていないことです。

「なんとなくWebで集客したいからLPを作ろう」と思って、HPとの役割を明確に区別しないまま制作を進めてしまい、結果的にユーザーに対して全く刺さらない媒体になってしまうケースは、特にLPを初めて制作する場合に多く見られます。

では、LPとHPというのは、本質的に何が異なるのでしょうか？

※ ホームページという言葉は本来、ブラウザを起動すると自動的に表示される最初のページという意味ですが、本書ではLPと比較しやすくするため、複数のページで構成されるWebサイトという意味で使用します。

▌HPはお店、LPは販売員

前節でランディングページの歴史を振り返った際に、ランディングページ＝ユーザーに最適化されたページという話をしました。

つまり、ランディングページはユーザーの悩みや欲求に対して直接的に解決策（＝商品やサービス）を示して、それをセールス＆オファーすることを目的としたページであるということです。

その目的を達成するために、できる限り全体の情報を取捨選択して、ユーザーが求めている情報にすぐにたどり着ける工夫を凝らさなければいけません。

逆に、HPとはユーザーに対して情報提供して、自社の商品やサービスについて把握してもらうことが目的のページとなります。LPと比較して様々な情報を掲載できる分、ユーザーは自力で必要な情報を探す必要があります。

具体的にイメージしやすい表現で言い換えると、**スーパーマーケットそのものが**
ホームページで、そのスーパーの中でお客様に対して、積極的に試食販売や店頭販
売を行っている**店員やセールスマンがランディングページ**という形になります。

▼ HPとLPの違い

	HP（ホームページ）	LP（ランディングページ）
具体的な イメージ	スーパーマーケット	スーパーマーケットの店内にいる 試食販売している店員
目的	どんな商品があるか ユーザーに知ってもらう	特定の商品を 体験してもらいセールスする
狙い	● お店（会社）があることを認知し てもらう ● 商品のラインナップを把握しても らう	● 興味関心を持っているお客様に直 接アプローチする ● 販売したい商品のメリットや特徴 をアピールする
情報量	● 会社や事業に関する情報はできる 限り掲載する	● 成約に必要な情報以外は掲載しな い

HPとLPの違いは、形式ではなく、「目的」

LPとHPの違いは、目的の違い

ランディングページとホームページの違いは、媒体の目的や狙いの違いと理解し
ておくとよいでしょう。

もちろん、ホームページの中にも成約や問い合わせを目的としたページが存在す
る場合もありますし、一概にすべてのWebサイトをこれはHP、これはLPという
ように一律に分類できるわけではありません。

あらかじめ両者の本質的な違いを理解しておかないと、ホームページ＝複数ペー
ジ、ランディングページ＝縦型1ページといった**単なる見た目の問題に囚われて**し
まいがちになります。

LPでもHPでも、**媒体の特性を区別するポイントは、形式ではなく目的です。**

その本質的な違いを理解せずに、単にホームページの情報を転用して見た目を
LPっぽく整えたところで何の成果も得られないというのは、当たり前のことだと
いえるでしょう。

　まずはLPとHPの違いを区別しておくことで、制作に必要な情報収集や構成案
を練る際にスムーズに作業を進めることができます。

　ぜひこの機会に理解を深めておきましょう。

コンバージョンとコンバージョンポイント

　詳細は第2章で解説しますが、LPで成約や問い合わせなどの目的に誘導するこ
とをコンバージョン（CV）（P38を参照）といいます。また、LPで購入ボタンをク
リックしたり申し込みフォームの内容を送信するなど、特定のアクションを実行す
る時や場所をコンバージョンポイント（CVポイント）といいます。

　コンバージョンとコンバージョンポイントは、LPとHPの違いに関連する重要
なキーワードです。

4 LPをタイプ別に分類しよう

ランディングページとホームページの違いを理解したら、次はランディングページをタイプ別に分類してみましょう。必ずしも、ランディングページ＝縦型1ページではないということが重要です。

LPって縦型1ページだよね？　から卒業しよう

ランディングページとホームページの違いは、結局のところ目的の違いだとお伝えしました。

ランディングページ＝縦型1ページ、ホームページ＝複数ページといった形式的な見た目で区別することはせず、あくまでも**本質的な目的で区別**していきましょう。

HPとLPの区別ができれば、「LPってあの縦型1ページのやつだよね？」という固定観念から離れて、**より多角的な視点からLP制作に取り組める**ようになります。

LPのタイプは大きく分けて3種類

本書では、LPという媒体を以下の3つのタイプに分類して整理していきます。

❶ メインサイト型LP

1つ目は、一見、普通のホームページに見える、メインサイト型LPと呼ばれるタイプです。

一般的なホームページとの違いは、単にサイト内で情報提供をするだけではなく、**複数の商品やサービスの受注に向かって意図的に誘導する点**です。

このメインサイト型LPのメリットは、必然的にコンテンツのボリュームが多くなるため、**複数の商材を同時に訴求できる**ことに加えて、**SEO効果やブランディング効果も期待できる**ことです。

そのため、見込み客リストの獲得を狙いながら、オウンドメディアとして情報発信活動にも取り組むBtoB企業などに多く見られます。

デメリットは、作成すべきコンテンツが大幅に増えると同時に、SEOに向けた良質なブログ記事を用意する必要があるので、起業・開業したばかりの会社や個人事業主がゼロから構築するのは非常に手間がかかることです。

また、ある程度規模の大きなサイトで複数の商材を同時に紹介するため、ユーザーのリーチ数（接触回数）を増やすことはできます。

しかし一方で、どの商材を売りたいのか？　という優先順位は曖昧になってしまう傾向があります。

❷ マイクロサイト型LP

２つ目のマイクロサイト型LPは、主に１つの商材を複数ページで紹介し、最終的に目的とするアクションをユーザーに起こしてもらうサイトです。

メリットとしては、後述する❸完全独立型LPよりも、SEO効果が期待できること、また媒体としての賞味期限が長い（キャンペーン以外にも使える）ことが挙げられます。

また❶メインサイト型LPよりもコンテンツ作成量が少なくて済むため、構築するまでのスピードが早いことも利点です。

デメリットは、❸完全独立型LPと比較して、情報提供の順位を完全にコントロールできなかったり、ユーザーの行動が多様化するためA/Bテスト（比較テスト）などが実施しづらいことが挙げられます。

起業時などでホームページを持っていない事業主にとって、このマイクロサイト型LP

はHPとしての役割も同時に果たしてくれるため、一番最初に作るWeb媒体としては費用対効果が高いです。

　昨今では、Googleビジネスプロフィール（Googleマップ）経由でWebサイトに流入するユーザーも増加しているため、その受け皿としても店舗の顔となるマイクロサイト型LPは使い勝手の良い媒体となります。

❸完全独立型LP

　3つ目の完全独立型LPは、代表的な縦型1ページのLPとなります。1つの商材を徹底的にオファー&セールスしていくタイプのLPです。

　メリットとしては、情報量を必要なものだけに削るため制作コストを削減できること、ユーザーをビジネスの売上や利益につながる重要なアクション（登録・予約・問い合わせ etc.）へと直接的に誘導できること、ユーザーが情報を取得する順番をこちらでコントロールできることなどが挙げられます。

　また、特定の箇所を差し替えたり並べ替えたりすることも容易なため、A/Bテストにも適した媒体となります。

　デメリットは、SEO効果があまり期待できなかったり、LPで訴求するキャンペーンが終了すると、メインサイト型LPやマイクロサイト型と異なり、賞味期限が極端に短くなってしまうことです。

　すでにホームページなどを持っている企業や事業主であれば、まずは商品やサービスごとに完全独立型LPを制作して、広告を打って宣伝していくというのが基本戦略になるでしょう。

完全独立型LP
Stand Alone Landing Page
例：ITツール提供会社の商品A（TalkChat）に特化する場合

こちらの意図した順番で情報を提供でき、CVポイントまで導ける

▌目的や予算、状況に応じてLPのタイプを使い分けよう

　一口にLP制作とはいっても、「どのぐらいの分量のLPを作るのか？」「どんな用途で作るのか？」「扱う商材は何種類あるのか？」といったように販売者によって、制作すべき最適なLPのタイプは異なってきます。

　例えば、予算が豊富にある大企業がLPを作るケースと、起業直後でHPすら持っていない個人事業主がLPを作るケースでは、どのタイプのLPが最適なのかは

大きく異なります。

　ビジネスの状況や予算、規模に合わせて適切なタイプを考えながら、LP制作の計画を進めるようにしましょう。なお、本書ではLP制作の全体像を理解しやすくするために、❸完全独立型LPを中心に解説しています。

▼ ランディングページのタイプ別分類表

	メインサイト型LP Main Site Landing Page	マイクロサイト型LP Micro Site Landing Page	完全独立型LP Stand Alone Landing Page
タイプ	・ホームページ全体がLPとしての機能を有する ・検索エンジンやブックマーク、SNSなど、様々な方面からトラフィックがある ・ECサイトなどのショッピングサイトなどが典型的 ・様々な商品や情報を掲載できる反面、複数のCVポイントが乱立しやすい	・特定のオーディエンスや目的に沿って設計する ・メインor複数のCTA（LPを見ているユーザーに次に取ってもらいたい行動。詳しくはP50を参照）&コンバージョンを設定する ・設定したコンバージョンを達成するために必要なコンテンツでページ全体を構成する ・特定のCVポイントに効果的に導くことができる	・販売商品やターゲットが明確 ・縦型1ページの形式にすることによって、余計なリンクや遷移を全て排除する ・CTAとコンバージョンは原則1つのみ ・制作者の意図した順番で情報を提供でき、CVポイントまで導くことができる
SEO	強い 比較的規模の大きなサイトになるため、キーワード選定やコンテンツ次第でSEOにも効果的	普通or弱い 独立型よりもSEOの効果が期待できるが、メインサイトのダミーサイトと認識される恐れも	弱い ページ数が少なく、SEO効果は期待できない。媒体としての賞味期限は短い
広告との相性	低い 複数の商品や様々なコンテンツが掲載されるので、特定のユーザーに刺さらず広告との相性は低い	普通 広告との相性は比較的良いが、サイトの回遊性を高めないとユーザーが情報取得を面倒に感じて離脱することも	高い 検索広告などを通じて顕在層にダイレクトに刺さるので、広告との相性は基本的に高い
CV率	低くなる ページ数が多くなるためアクセス数は増えるが、複数の商品やサービスが含まれるので、CV率は低くなる	少し高くなる メインサイト型よりもコンバージョンポイントが明確になるので、成約率は高まる傾向が強い	高くなる 特定のターゲットに向けてコンバージョンに必要な情報を提供するため、成約率は上がる
目的	あいまい 複数の商品や情報をひとつのサイトで提供するため、LPとして何を成約させたいのか目的は曖昧になる	明確 特定のテーマに基づいてサイトを設計するため、LPとしての目的は明確になる	すごく明確 特定のテーマとコンバージョンに沿ってページを構成するので、目的は非常に明確になる

※ 上記の表は、本書が独自に分類したものです。すべてのLPに厳密に当てはまるわけではありません。ランディングページは縦型1ページといった表面的な見た目ではなく、ユーザーをコンバージョンに導く機能が内蔵された意図的なページです。

5 LPのメリットとデメリットとは？

ランディングページをタイプ別に分類して理解した後は、ここで改めてLPという媒体のメリットとデメリットを整理していきましょう。

LPとチラシは何が違う？

LPは基本的に**オンライン上で展開する広告媒体**である一方、チラシやDM（ダイレクトメール）といった**紙媒体はオフラインで展開する広告**となります。

そこで、改めて両者の媒体を比較しながら、LPのメリットとデメリットについてより具体的に見ていきましょう。

LPのメリットとは？

LPの代表的なメリットは、以下の6点となります。

メリット：1 比較検証が紙媒体よりも簡単にできる

LPはページをWeb上で簡単に複製＆編集できるので、一度印刷してしまうと変更が難しい紙媒体とは異なり、どんな構成がユーザーの反応を取れるのか、どのページが一番成約に結びつきやすいのかなど、**比較検証（A/Bテスト）しやすい**という大きなメリットがあります。

メリット：2 スペースの制限がない

新聞や雑誌の広告などと比較すると、基本的にLPは掲載できる情報量に制限がありません。広告スペースの問題を気にしなくても良いので、販売主側の都合で情報量を減らすことも増やすことも容易にできます。

メリット:3 情報を与える順番をコントロールできる

縦型1ページにすることで、売り手がユーザーに見せたい順番で情報を与えることができるメリットがあります。

そのため、コピーライティングの法則（詳細は第4章を参照）に従って全体の構成を練ることで、ストーリー性を高めて記憶に残りやすくする効果も大いに期待できます。

メリット:4 データ集計や分析を自動化（数値化）できる

従来の紙媒体の広告やテレビやラジオなどマス媒体のCMでは測定が困難だった細かなユーザー行動の計測や分析を、Google Analyticsなどのツールを使えば自動的に収集できる＝数値化できることは、ウェブならではの非常に大きなメリットです。

メリット:5 広告から受ける印象がフラット

リスティング広告では、Googleの検索結果にLPが表示されるなど、大企業でも中小企業でも掲載スペースに大きな違いがありません。

そのため掲載される媒体による先入観（バイアス）をユーザーに与えないため、よりフラットな視点で広告と接してもらえる点が期待できます。

メリット:6 副次的な情報を同時入手できる

LPではユーザーがフォームなどで入力した情報だけではなく、行動パターンやアクセスした地域、時間帯など副次的なデータも合わせて獲得することができます。

昨今はサードパーティCookieの問題でユーザーの追跡に規制がかかる傾向が強まっていますが、それでも紙媒体よりも多くのユーザーデータを把握できることに疑いはありません。

サードパーティCookieとは、ユーザーを追跡し、関心の高い広告などを表示させること動きをします。プライバシー保護の観点から問題を指摘されています。

▼ LPのメリット

メリット 1

比較検証が簡単にできる!

A / B

どのページが一番コンバージョンに
結びつくのかを比較検証（A/Bテスト）
することが簡単にできる

メリット 2

スペース制限がない!

新聞や雑誌の広告と比較すると
基本的に掲載する情報量に制限なし。
情報を減らすことも増やすことも容易

メリット 3

情報を与える順番を操れる!

縦型1ページにすることで
ユーザーに見せたい情報の順番を
売り手がコントロールできる

メリット 4

データ集計分析が自動化!

従来の広告では難しかった効果測定を
Google Analyticsなどのシステムを
使えば自動的に収集・分析ができる

メリット 5

広告から受ける印象がフラット!

掲載スペースに大きな違いがないため
先入観（バイアス）を持つことなく
フラットな視点で広告を見てもらえる

メリット 6

副次的な情報も同時入手できる!

買い手が入力した情報だけではなく
行動パターンや地域、時間帯などの
セグメントデータも獲得できる

25

LPのデメリットとは？

このように紙媒体と比較してメリットが多いように感じるLPですが、一方で以下のようなデメリットもあります。

デメリット:1 LPで扱う商材にはある程度の市場規模が必要

LPさえ用意すれば、ネット上でどんな商品でも販売できるわけではありません。その商品を求める市場がある程度存在していなければ、リスティング広告やバナー広告などが表示される回数は大幅に減ってしまいます。あくまで一定以上のマーケットが存在する商材において、LPは効果的に機能することを知っておきましょう。

デメリット:2 競合に手の内がバレやすい

LPはネット上で誰でも閲覧することができるため、競合他社にどのようなページを運用しているのか手の内がバレやすい傾向があります。

そのため販売手法や価格などが全て知られてしまうことも多く、売れ続けるためには短期間で真似されない創意工夫が常に必要となります。

デメリット:3 ページ自体の賞味期限が短い

LPを通じて期間限定のプロモーションを実施した場合、それらが終了すればLPとしての役割が終わります。基本的にホームページと比較して媒体としての賞味期限はどうしても短くなってしまいます。LPを長期的に運用していくのであれば、定期的な更新作業を行ったり、サイト型のLPを検討する必要があるでしょう。

デメリット:4 出稿する媒体との相性がある

昨今は様々なWeb媒体が存在しており、メインユーザーの年齢や属性が異なるため、ひとつLPを作ればどの媒体にでも使い回せるわけではありません。各媒体のユーザーに合わせて、LPの構成や内容を最適化する手間がかかってきます。

デメリット:5 一定以上の広告運用スキルとITスキルが必須

LPを通じて集客販売を実践するとはいっても、実際に広告運用して得られたデータを分析しながら次の施策を考えるといったスキルは、決して一朝一夕で身につくものではありません。予算が潤沢にあれば、業者や外注先に丸投げするのも手ですが、もし予算が限られている場合、販売者側も時間と労力を使って知識と運用スキルを身につける必要があります。

▼ LPのデメリット

ある程度の市場規模が必要

検索広告などに出稿する際
自分の商材にある程度の市場規模がない
と広告として出稿することができない

競合に手の内がバレやすい

自社で作ったランディングページを
他の競合他社にも見られるので
販売手法や価格などが全部バレてしまう

ページ自体の賞味期限が短い

キャンペーンなどの販促ページの場合
通常のサイトとは異なり、広告疲労を起こ
し一定期間しか使えない場合がある

出稿する媒体との相性がある

商材のテーマによって
出稿する広告媒体を選択しないと
想定した結果を得られない場合も

運用スキルとITスキルが必須

LPを作っただけではもちろん売れない
制作会社や代理店に丸投げではなく
基本的なスキルは身につけたほうがよい

> ランディングページは
> ビジネスの万能薬では
> ありません!

どんなにマニアックでニッチなビジネスでも
LPを作れば売れると思い込んでしまう…
LPを作ることが自社のビジネスにとって
最善策なのか、いろいろな側面から
提案していきましょう

LPはビジネスの万能薬ではない

　LPのメリットとデメリットを整理して改めて意識したいのは、ランディングページは決してビジネスの万能薬ではないということです。

　ビジネスの最大の目的は売上と利益を発生させることですが、あくまでLPはその目的を達成するための手段に過ぎません。

　そのビジネスにとって、LPが本当に必要なのかは、そのときの条件（ターゲット、商圏、マーケット規模）などによって変わってくるので注意が必要です。

　例えば、人口が少ない田舎の町の人々をターゲットにするビジネスであれば、コツコツと時間をかけてLPを作るよりも、道沿いに大きな看板を作ったり、チラシを配ったほうが集客に効果的な場合もあるでしょう。

　要するに、LPを作れば売れるという短絡的な考え方ではなく、世の中にある様々な集客手段の選択肢のひとつとしてLP制作を考えるという俯瞰的な視点がWeb集客ではとても重要となってきます。

6 LP制作における集客力と販売力を区別しよう

LP制作を進めていく上で、LP制作のスキルを集客力と販売力に分けて学ぶことで、自分が今どんな力を磨いているのか現在地を掴みやすくなります。

LP制作スキルは集客力と販売力の2つに集約される

これからLP制作を本格的に学んでいく上で、本書ではLP制作のスキルを集客力と販売力の2つに分けて理解していきます。

LP制作をこの2つに分けて学んでいくことによって、今自分はどちらの力を伸ばす勉強をしているのか、全体の学習状況を把握しやすくなるのでおすすめです。

▼ LP制作において重要な2つの力

集客力 LPに狙ったターゲットを集める力	販売力 集めたターゲットに商品を売る力
マーケティング 商品やサービスが 売れる仕組みを作る力	**デザイン** 商品やサービスを より魅力的に見せる力
広告運用 狙ったターゲットに向けて 広告宣伝する力	**ライティング** 商品内容をわかりやすく 整理して伝える力

❶狙ったターゲットをLPに集める集客力

LP制作における集客力とは、自分が制作するLPに向けて、狙ったユーザーを意図した方法で呼び込む力となります。より具体的には、マーケティングや広告運用といった分野がこの集客力に含まれます。

LP制作を進める上で、最低限必要なマーケティング知識を学ぶことで、LPを活用したWeb集客の設計図を作る力を養えることに加え、**広告運用を学ぶことで狙ったターゲットに向けて宣伝する力を磨くことにもつなげられます。**

どれだけ質の高いLPを作ったとしても、そのLPにユーザーを呼び込まない限り、何の成果も得ることはできません。その点で集客力を鍛えることは、LP制作に携わる私たちにとって、とても大切な取り組みとなります。

❷集めたターゲットに商品を売る販売力

一方、集客力を活用して意図的にLPまで誘導したユーザーに対して、**LP内で商品やサービスを確実に売り込んでいく力がLP制作における販売力となります。**

ここに含まれる具体的なスキルが、**デザインやライティング**となります。

LPに訪問したユーザーが短時間で商品の特徴やメリットを理解できるデザインを施したり、離脱しないようにストーリー性を重視したライティング力を磨くことなどが販売力の向上につながっていきます。

これからのLP制作で求められるのは販売力

LP制作では、**集客力**と**販売力**はどちらも成果を得るために必須の力となります。

私の考えでは、今後のLP制作は集客力よりも**販売力がますます重視される**時代が来ます。なぜなら、集客の土台となる広告運用に関しては、すでにAIの進化である程度自動化でき、一定以上の予算をかければLPにユーザーを集めることが難しい作業ではなくなってきているからです。

一方で、販売力の土台となるデザインやライティングは、商材のマーケットサイズや企業や事業主の経営規模、最終的なビジネスモデルなどに応じて最適解が様々であり、どれだけAIが進化しても、絶対的な正解というのは存在しません。

現在、AIが自動でWebデザインを生成してくれたり、LP自体を自動構築するツールなどが数多く流行っています。

しかし、最終的にどんなデザインがユーザーにとって最適なのか、ユーザーにとってどんなコンテンツが有益なのかといった点については、人間（＝商材販売主＆LP制作者）が知恵を絞って考えなければいけません。

今後、様々な場面でLP制作を学んでいく際は、この2つの力を常に意識しながらスキルを磨いていくとよいでしょう。

7 LP制作の基本的な制作工程を把握しよう

集客力と販売力というLP制作の土台となる力を踏まえた上で、今一度LP制作の基本的な制作工程を把握しておきましょう。

LP制作の基本的な制作工程とは？

LP制作の基本的な制作工程は、部分的に一般的なHPとの違いはありますが、大枠に関してはそこまで大きく変わりません。

そこで、前節で挙げた集客力と販売力の2つの側面から、LP制作の一般的な工程を改めて確認してみましょう。

▼ LPの基本的な作業工程

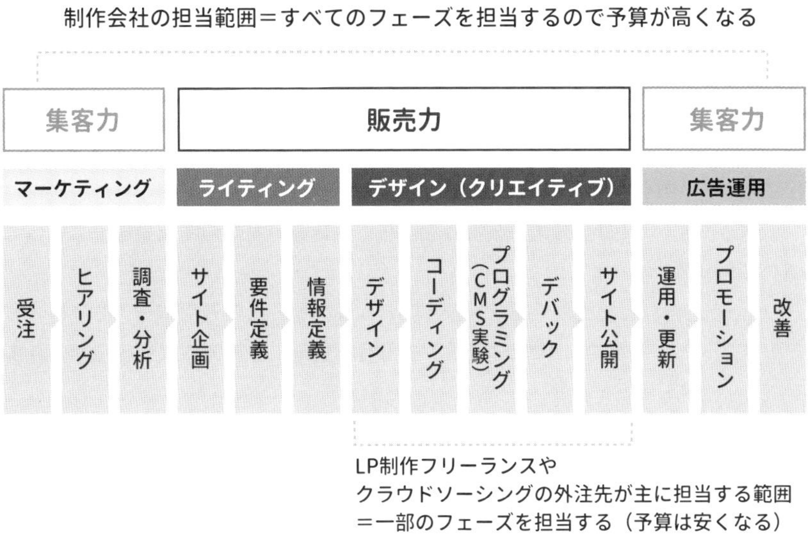

制作会社の担当範囲＝すべてのフェーズを担当するので予算が高くなる

集客力	販売力		集客力
マーケティング	ライティング	デザイン（クリエイティブ）	広告運用

受注 → ヒアリング → 調査・分析 → サイト企画 → 要件定義 → 情報定義 → デザイン → コーディング → プログラミング（CMS実験） → デバック → サイト公開 → 運用・更新 → プロモーション → 改善

LP制作フリーランスや
クラウドソーシングの外注先が主に担当する範囲
＝一部のフェーズを担当する（予算は安くなる）

工程❶ マーケティングフェーズ（集客力）

　LP制作を始めるにあたり、マーケターが中心となり、次のようなマーケティングの視点からLP制作に必要な情報を調査（リサーチ）・分析していくフェーズとなります。

- どのターゲットにどのような切り口でLPを制作するのか
- 競合他社の状況や相場はどうなっているのか
- 現在運用中のLPの改善点は何か

工程❷ ライティングフェーズ（販売力）

　工程❶で集めた情報を通じて、具体的にLPのコンテンツを設計していくフェーズです。

　サイト企画から要件定義、情報設計などが含まれ、Webライターだけではなく、UX/UIデザイナー、IA（インフォメーションアーキテクト）といった職種の方々もこの工程で関わることが多くなります。

工程❸ デザインフェーズ（集客力）

　工程❷で作成したワイヤーフレームや構成案に基づいて、具体的にユーザーが目にするデザインやインターフェイスを作成していくフェーズです。

　Webデザイナーやコーダー、エンジニアといった職種の人々が関わってLPを構築していきます。

工程❹ 広告運用フェーズ（集客力）

　実際に作成したLPを運用・改善しながら、見込み客を集めて成果を生み出していくフェーズとなります。

　Google広告などに出稿手続きを行う広告代理店や、広告運用データを分析するアナリストといった方々が、LPを通じて利益を生み出す施策に取り組んでいきます。

制作工程でも注目すべきは集客力と販売力

ここで意識してほしい点は、先ほど解説した「❶集客力＝マーケティング＋広告運用」と「❷販売力＝ライティング＋デザイン」という力が、制作工程の中でどのように関わっているのかを常に意識しながらLP制作を進めていくことです。

これら2つの力が、制作工程における4つのフェーズとうまく噛み合うことによって、LP制作の成功率は確実に高まってくるからです。

こうした目的意識を思ってLP制作を進めない限り、なんとなく売れているLPを真似しただけのおしゃれでいい感じのLPという、曖昧でぼやけた制作物ができ上がるリスクが高まります。

ゆえにLP制作に携わるのであれば、今自分が取り組んでいる行動がLPの集客力をアップさせようとしているのか、それとも販売力を底上するものなのか、逐一区別する習慣をつけましょう。

LP制作を外注する場合の注意点

加えて、LP制作を外部に発注する際、個人規模で担当しているフリーランスの作業工程と、チームで担当する制作会社の作業工程では大きく中身が異なってくることにも注意が必要です。

LP制作を外部に任せる場合は、あくまで自身の規模や状況に応じて適切な制作工程を提案してくれる相手を探すことが失敗を確実に避けるためのポイントとなります。

8 | 良いLPの３つのポイント

第1章のまとめとして、ユーザーから求められる理想的な良いLPの３つのポイントをみていきましょう。

完成度が10点のLPでは、KPIもLPOもあまり意味がない

LP制作業界において、必ずと言っていいほど出てくるのが、KPI（Key Performance Indicator）やCPA（Cost Per Action）という言葉に代表される数値ベースの目標設定です。

KPIは、目標を達成するための各プロセスの達成度合いを表します。CPAは、1コンバージョン（目標達成）にかかるコストのことです。

もちろん、事前に設定した目標値を基準として、良いLPなのか、悪いLPなのかを判断することに対しては、基本的に私も賛成です。

しかし、世の中のLP制作の現場で非常に多いのが、実際にユーザーが閲覧するLPが10〜30点レベルの完成度なのにも関わらず、無理やり目標達成を目指そうとしているというケースです。

LP制作業界には、KPIを効率的に達成する方法やLPOで成約率をアップを狙うといった運用改善に関するノウハウがたくさんあります。

もしそのようなノウハウに取り組むのであれば、最低で60〜70点のレベルのLPを作成しておく必要があります。

どんなに優秀な広告運用者やマーケターでも、10〜30点程度の完成度しかないLPでは、予算やノウハウをつぎ込んだとしても、望む成果を得ることは難しいでしょう。

私たちがLP制作で確実に成果を得たいのであれば、まずはデザインやライティングなどの原理原則に沿って60〜70点の完成度のLPを作り上げ、それを運用しながら、最終的に100点を目指して改善していくという流れが基本路線となります。

▼ LPの完成度による施策の効果

LPの完成度（販売力）が低い場合

10点のLP（＝販売力が低い）を
100点に持っていくのはどんな優秀な
マーケターや広告運用者でも難しい

0点　　　　　✕　→　100点

どんなに予算を使っても
全然成果が上がらない…

10点

LPの完成度（販売力）が平均以上の場合

60〜70点のLP（＝販売力が平均レベル）を
100点に持っていくために
LPOなどの施策が効果的となる

0点　　　　　○　→　100点

広告運用ノウハウや
LPOなどをどんどん
参考にしよう！

60〜70点

良いLP＝完成度60〜70点のLPを満たす3つのポイント

最低限のデザイン法則やライティング力を反映させて、良いLP（競合他社と戦える60〜70点レベル）を最初から用意することは、以下の3つのポイントを意識して制作を進めることで実現可能です。

ポイント① LP自体が販売者・企画主の代弁者となること

Webサイトは24時間働く営業マンという有名な言葉があるように、LPにおいても、そのページ全体が、商品やサービスに関する販売者側のメッセージとオファーを代弁する存在となる必要があります。

たとえユーザーが真剣に読んでも全く理解できず、後から細かく補足説明が必要なLPでは、成約率は限りなく低くなります。

LP制作を進める際は、自分の伝えたいことを全部きちんと伝えているのか？という意識を常に忘れないことが大切です。

ポイント② LPと出会ったユーザーが理想の未来を手にすること

LPは誰のために作るのか？　といえば、LPを作る販売者側やWeb制作者側の自己満足のためではありません。

私たちはLPを通じてユーザーが商品やサービスと出会い、日々の悩みや欲求を解消することで、理想の未来＝ベネフィットを手に入れることを目指すべきです。つまり、全てのLPはユーザーのために存在するといっても過言ではありません。

この視点をどれだけ意識できるかが、LPの反応率にも大きく影響してきます。

ポイント③ LPを通じて人間味のある情熱や熱意を伝えること

　昨今はテンプレートで、LPがすぐに作れるツールやデザインやコーディングの知識がなくても、短時間でLPを作れる環境が整っています。

　ChatGPTに代表される生成AIの進化も、今後のLP制作の現場を大きく変化させていくでしょう。

　しかし、自分の頭を使わずにそのような方法に頼ってしまうと、LP全体が無味乾燥・無機質な印象になりがちです。

　正直に言えば、あまりLPに詳しくないユーザーから見るとどれも同じに見えてしまうこともしばしばあります。

　LP全体から、販売者のやる気や熱意を感じとれる個性的で人間味のあるLPというのは、競合他社との大きな差別化につながり、成約率にも大いに影響を及ぼすと私は見ています。

　それでは、上記の3つのポイントを満たすことを意識しながら、次の章からはLP制作に取り組む上で、重要なテーマやキーワードについてひとつひとつ丁寧に学んでいきましょう。

第2章

絶対に知っておきたい
ランディングページの
重要概念

ランディングページを制作していく上で、必ず理解して
おきたいコンバージョンや4つのONE、ファーストビュ
ーやCTAなどの重要概念を詳しく解説していきます。
ここを理解せずに、LP制作を始めると失敗してしまう
可能性が高くなるため、しっかり学んでいきましょう。

1 | コンバージョン（CV）の意味を正しく理解する

ここからはLP制作を語る上で、欠かすことのできない重要概念を学んでいきます。まずは、コンバージョンの意味を正しく理解することが第一歩です。

コンバージョンとは？

コンバージョン（conversion）とは、**特定の目標を達成するためにユーザーが取る行動や変化**のことを指します。

コンバージョンという言葉自体は目新しいものではなく、ある状態から別の状態への変化や転換を示す言葉として、インターネット登場前から使用されていた英単語です。

ちなみに、コンバージョンという言葉は、元々ラテン語の「con-（一緒に）」と、「versio（変化）」が組み合わさった「conversio」という単語から派生した用語です。

コンバージョンは最大の目的であり最高のゴール

私たちがLPを作る最大の目的は、**ユーザーにコンバージョンを達成してもらう**ことです。まさに、この目的を満たすためだけにLPという媒体は存在しているといっても過言ではありません。

なぜなら、そのコンバージョンによる**ユーザーの行動や変化**こそが、LPを通じて発生するビジネス全体の売上や利益に直結しているからです。

ユーザーに最高の形でコンバージョンを迎えてもらうこと。これがこの世の中に存在するLPが目指すべき最終的なゴールとなります。コンバージョンが定義されていない、もしくはあまり明確ではない場合、そのLPの存在意義は失われてしまいます。

▼ コンバージョン達成の流れ

コンバージョン＝特定の目標を達成するために顧客が取る行動や変化

例 コンバージョンポイント＝問い合わせフォームから問い合わせが入ったとき

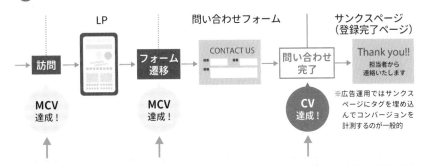

マイクロコンバージョン（MCV）とは、メインのコンバージョンに至る前に発生する小さなアクションや目標のこと。ページへのアクセスやフォーム遷移などに設定するケースが多い

コンバージョンの代表例は、予約・購入・申し込み・問い合わせなどが一般的な項目として挙げられるが、媒体別・業界業種別に様々なコンバージョンの種類が存在しているため、制作前に最適な内容を定義する必要がある

コンバージョンの定義こそLP制作の第一歩

　LP制作を始める上で最初に決めなければいけないのは、コンバージョンの定義を定めておくことです。

　つまり、LPを訪問した人に対して、結果的にどのような行動を取ってほしいか？を決めておきます。

　制作前にコンバージョンの定義を定めておかないと、その後のリサーチやデザインなどがすべて曖昧な状態で進んでしまうので注意しましょう。

媒体別・業界業種別に最適なコンバージョンを考える

　コンバージョンと聞くと、購入や問い合わせ、資料請求、予約といったものを思い浮かべる人も多いでしょう。もちろん、そのようなユーザーのアクションはコンバージョンの代表例となりますが、実際の現場では以下のように業界業種別・Web媒体別に多様なコンバージョンの種類が存在しています。

▼ **代表的なコンバージョンの種類**

コンバージョンの種類	内容
❶登録（有料or無料）	ユーザーがLPにて登録フォームに情報を入力して送信する
❷購入	ユーザーが商品やサービスを購入する
❸リード獲得	ユーザーが連絡フォームに連絡先を提供し、企業との連絡を希望する
❹ダウンロード（資料請求）	ユーザーが電子書籍、ホワイトペーパー、ソフトウェアなどのデータをダウンロードor請求する
❺電話発信	ユーザーが電話番号をクリックして電話をかける
❻予約/問い合わせ	ユーザーが予約したり疑問点・不明点を問い合わせる
❼SNSシェア	ユーザーがLPのコンテンツをSNSでシェアする
❽アプリインストール	ユーザーがアプリをデバイスにインストールする
❾メルマガ登録	ユーザーがメルマガやニュースレターに登録する
❿アンケート回答	ユーザーがアンケートに回答し、フィードバックや意見を提供する

▼ **業界業種別から見たコンバージョンの種類**

ビジネスの種類	コンバージョンの例
ECサイト	購入、カートに商品を追加、お気に入りに商品を追加、再購入、クーポン利用、口コミ投稿 etc.
オンラインツール	サブスクリプション契約、ダウンロード、無料トライアルの開始、アカウント登録 etc.
レストラン	予約、メニュー閲覧、テイクアウト注文、デリバリー注文、レビュー投稿 etc.
不動産	資料請求、物件の内見予約、物件の詳細情報リクエスト、内覧予約 etc.
旅行・観光	予約（ホテル、航空券、ツアー）、観光スポットの情報閲覧、パッケージツアーのカスタマイズ、観光ガイドのダウンロード etc.
教育	登録、オンライン授業の参加、学位取得、教材購入 etc.
保険	保険契約締結、保険の見積もりリクエスト、保険の資料請求、保険プラン比較 etc.

ビジネスの種類	コンバージョンの例
自動車	試乗予約、見積もり依頼、カタログ請求、車両メンテナンス予約 etc.
健康・医療	予約（診療、検査、手術）、問い合わせ、オンライン診療の予約、健康アプリのダウンロード etc.
フィットネス	メンバーシップ登録、トレーニング予約、フィットネスアプリのダウンロード etc.
BtoB商材	製品デモリクエスト、お問い合わせ、製品レビュー etc.
メディア・出版	購読、記事の共有、広告クリックスルー etc.

　LP制作においてコンバージョンを定義する際には、自身のビジネスの現状に即した項目を選ぶ必要があります。

多種多様なコンバージョンの関連用語

　これからLP制作を学んでいく上で、コンバージョンという言葉は頻繁に登場します。特に広告運用においてGoogleやYahoo!の管理画面などで目にする機会が多いでしょう。

　次の表にコンバージョン関連の用語をまとめておきました。これらの用語に慣れておくことで、よりコンバージョンという概念に対する理解が深まります。

　ぜひ参考にしてみてください。

▼ [参考] LP制作における**コンバージョン関連の用語集**

1 Conversion Rate
コンバージョン率(CVR)

 $\div$ $\times 100 = 10\%$

達成したコンバージョン数を、訪問者数やアクセス数で割った割合。（代表的なコンバージョンは商品の購入や登録など）

2 Conversion Pixel
コンバージョンピクセル

ウェブサイトやランディングページに埋め込まれたトラッキングコードで、特定のアクション（コンバージョン）が行われたことを追跡するために使用される

3 Conversion Latency
コンバージョンレイテンシ

顧客が最初に接触した時点から実際のコンバージョンが発生するまでの時間。レイテンシが長い場合、コンバージョンへの意思決定に時間がかかっている可能性がある

4 Soft Conversion
ソフトコンバージョン

メインの目標達成に直接的にはつながらないが、顧客の関心を間接的に引き付けたりするアクション。例えば、SNSのフォロー、コンテンツのシェアなど、敷居が低いもの

5 Hard Conversion
ハードコンバージョン

最終的な目標を達成するための直接的なアクションのこと。例えば、商品の購入、登録、申し込みなどがハードコンバージョンに当てはまり、その分敷居は高くなる

6 Conversion Funnel
コンバージョンパス（ファネル）

1 認知
2 興味
3 比較検討
4 購入

顧客がウェブサイトやアプリ上でたどる、コンバージョンに至るまでの経路のこと。一般的には認知、興味、比較検討、購入といったステップで構成される

LP制作における
Conversion
コンバージョン関連用語

ラテン語の「con-」（一緒に）と「versio」（変化）が組み合わさった「conversio」という単語から派生。ある状態から別の状態への変化や転換を指す言葉として使用される。ビジネスの現場では特定の目標を達成するために顧客が取る行動や変化を表す

7 Conversion Retention
コンバージョンリテンション

顧客が継続的にコンバージョンを達成し続けることを指す。例えば、リピート購入やサブスクリプションの継続などがコンバージョンリテンションの例

8 View-through Conversion
ビュースルーコンバージョン

広告を閲覧したユーザーが直接的なクリックを行わず、あとで別の方法でウェブサイトを訪れ、CVを達成した場合に、その広告がそのCVに与えた影響を評価する手法

9 Conversion Optimization
コンバージョン最適化

コンバージョン率を向上させるために行われるプロセスや戦略のこと。テストや改善を通じて、顧客の行動やニーズに合わせた最適な体験を共有することを目的とする

10 Conversion Point
コンバージョンポイント

顧客が特定のアクションを実行するポイントや場所を指す。例えば、購入ボタンをクリックした時や申し込みフォームを送信した時などがコンバージョンポイントとなる

11 Micro Conversion
マイクロコンバージョン(MCV)

メインのコンバージョンに至る前に発生する小さなアクションや目標のこと。例えば、資料のダウンロードやニュースレターの購読などがマイクロコンバージョンに当てはまる

12 Multi-Channel Conversion
マルチチャンネルコンバージョン

複数のチャンネルやプラットフォームを経由して顧客がコンバージョンを達成することを指す。例えば、ウェブサイトを経由しての購入、ソーシャルメディア経由での購入など

13 Multi-Device Conversion
マルチデバイスコンバージョン

顧客が複数のデバイスを使用してコンバージョンを達成することを指す。例えば、スマートフォンで商品を検索して、パソコンで購入する場合などが当てはまる

14 Conversion Attribution
コンバージョンアトリビューション

複数のマーケティングチャンネルやタッチポイントが関与した場合、各チャンネルやタッチポイントに対してコンバージョンへの貢献度を割り当てるプロセスのことを指す

2 | コンバージョンを達成させるためのLPにおける4つのONE

LP全体を設計する上で重要な概念、ワンターゲット・ワンメッセージ・ワンオファー・ワンアウトカムについて解説します。ちなみにこの4つを私は4つのONEと呼んでいます。

LPではすべての物事をひとつに絞る

LPを作る最大の目的はコンバージョンの達成だと説明しましたが、コンバージョンを達成するために重要なのが、**ワンターゲット・ワンメッセージ・ワンオファー・ワンアウトカム**という概念です。

具体的に言い換えると、次のようになります。

▼ **LPにおける4つのONE**

> ワンターゲット …ターゲットをひとりに絞り込む
> ワンメッセージ …ターゲットに与えるメッセージはひとつにする
> ワンオファー …ターゲットに与えるオファー（提案）はひとつにする
> ワンアウトカム …ターゲットに与える出口はひとつにする

このようにLPを設計する際には、あらかじめターゲットをひとりに絞り込み、そのターゲットに向けてひとつのメッセージとひとつのオファーを示すことで、事前にこちらで用意したひとつの出口へと向かってもらうことを最優先で考えなければいけません。

"ひとつ"に絞っていないとユーザーは迷って離脱する

LP制作において、ターゲットもメッセージも、オファー（提案）もアウトカム（出口）も絞ってない場合、ページ全体の訴求力は大きく減退してしまいます。

▼ 4つのONEをひとつに絞れていないLP

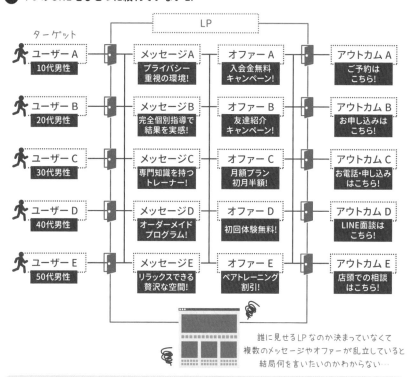

ターゲットユーザーを絞らず、メッセージもオファー（提案）もアウトカム（出口）も乱立しているLPでは、こちらの意図した道筋でユーザーを導くことができない

なぜなら、これら4つを明確に絞っていないことで、コンバージョンに至る道筋が無限に存在してしまい、読むのが面倒になったり混乱して離脱する可能性が必然的に高まるからです。

LPを読んでいても全く頭に入ってこない、もしくは話の内容を理解できないといった場合、ほとんどがこの4つのONEを徹底していないことが原因として当てはまります。

"ひとつ"に絞ることでユーザーを意図的に導く

　LPにおいては、ターゲットもメッセージもオファーもアウトカムも全てひとつに絞り込み、ターゲットを意図的に最終ゴール地点（＝コンバージョン）へと誘導することが最重要課題となります。

▼ 4つのONEをひとつに絞れているLP

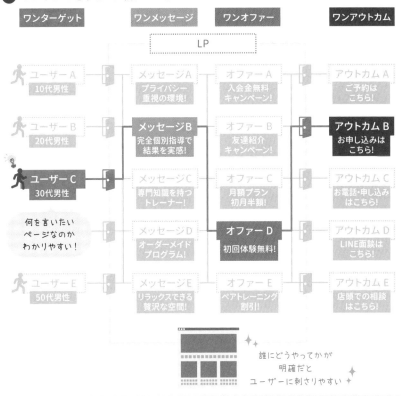

ターゲットユーザーを絞り、与えるメッセージとオファーをひとつに絞り、
アウトカムもひとつだけに徹底したLPは、ユーザーを意図した道筋で誘導できる

　この絞り込みが中途半端だと、どれだけアクセスを流しても、どれだけ広告費を使っても、求める結果を得ることは難しくなります。
　LPの構成案を考える際は、4つのONEを徹底していきましょう。

メッセージやオファーをひとつに絞り込めないときは？

　ちなみに、ここで多く寄せられる質問が、状況に応じてメッセージやオファーを2つや3つにしてもOKか？というものです。

　例えば、LPにおいては特徴や強みといったコンテンツを通じて、様々な切り口からメッセージを伝えたり、問い合わせや申し込みといったオファーを複数設置したいケースが出てきます。

　もちろん、絶対ひとつに絞れというわけではなく、状況に応じて柔軟にメッセージやオファーの数を増やしても問題はありません。しかし、**メッセージやオファーの数が多くなればなるほどLP全体の訴求がぼやけてくる**ということは事前に理解しておきましょう。

　もし、様々なターゲットに対して、複数のメッセージを訴求したい場合には、同じLP内で訴求するのではなく、**必ずターゲット・メッセージ・オファーごとに別々のLPを用意するべき**だというのが、私の考えです。

　4つのONEがぼやけているLPは、どれだけ内部を作り込んだり、デザインを整えても、ユーザーがLPの内容を自分事として捉えることができないため、最終的なコンバージョンに至らないからです。

　LPを制作する際は、このワンターゲット・ワンメッセージ・ワンオファー・ワンアウトカムを徹底するというのが、最初に考えるべきことになります。

▼ **メッセージをひとつに絞り込めないとき**

訴求軸を絞り込めていないLP

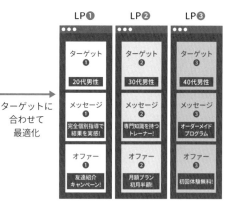

様々なターゲットに対して、複数のメッセージを
訴求したい場合はメッセージ・オファーごとに
別々のLPを用意した方が良い

3 ランディングページは ファーストビューが命

ランディングページはファーストビューが命という言葉は、LP制作を学んだ方であれば一度は聞いたことがあると思います。そこで改めてLPにおけるファーストビューの役割について確認しておきましょう。

ファーストビューとはどの部分を指すか?

▼ ファーストビュー

ファーストビュー
ユーザーが URL をクリックして LP を開いた時、スクロールせずに一番最初に目に入ってくる領域

別名 **Above the fold** アバブ・ザ・フォールド

セカンドビュー
ファーストビューの次にユーザーが閲覧する領域。悩み共感コンテンツや実績コンテンツなどユーザーの離脱を防ぐための内容を掲載するパターンが多い

別名 **Below the fold** ビロウ・ザ・フォールド

ファーストビュー (FV) とは、ユーザーがURLをクリックしてLPを開いたとき、スクロールせずに一番最初に目に入ってくる領域のことです。

別名で、アバブ・ザ・フォールド (Above the fold) とも呼ばれています。逆に、スクロールしなければ見られない画面領域をセカンドビューまたは、Below the fold (ビロウ・ザ・フォールド) と呼びます。

ファーストビューが的確に構築されていないLPでは、ユーザーの第一印象に悪影響を及ぼして、結果的に離脱率が高まる傾向にあります。

LPにおけるファーストビューの役割とは？

　ファーストビューのデザインを具体的にどうするか？という話については、別章でお伝えします。ここでは、LPにおけるファーストビューの重要な役割を3つ確認しておきましょう。

▼ 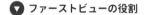 ファーストビューの役割

ファーストビューの役割❶

良い第一印象を与えて続きを読んでもらう

人間でもLPでも第一印象が最も重要。その第一印象をコントロールする中心的役割を担っているのがファーストビューである

実在している店舗みたい！

ファーストビューの役割❷

LP全体のメッセージをまとめて伝える

ファーストビューの領域内のみで、販売主がページ全体を通じて何を言わんとしているのか、ユーザーがおおよそ把握できる設計にしておく

月額費用もこれくらいなのね

ファーストビューの役割❸

直感的にオファー内容を理解してもらう

ユーザーが最終的に何を売り込まれるのか？（＝有形商材・無形商材）を直感的に理解させることで、ページ全体を読み進める前提を与える

無料体験からスタートできる！

役割❶ 良い第一印象を与えて続きを読んでもらう

　行動心理学の分野では、"第一印象がその後のイメージに最も大きな影響を及ぼす"といわれる初頭効果という用語があります。その際に、視覚的な印象が最も第一印象に影響しやすいというメラビアンの法則という効果もあります。

　要するに、ランディングページでも、第一印象が最も重要であるということです。

　LPにおいては、その第一印象をコントロールする中心的役割を担っているのが、ファーストビューとなります。

　ファーストビューによって良い印象を与えることができなければ、ユーザーはその時点で離脱してしまい、続きを読んでもらえることはありません。

役割❷ LP全体のコアとなるメッセージをまとめて伝える

　ファーストビューには、LP全体を通じて伝えたいメッセージの概要を過不足なく盛り込む必要があります。

　つまり、続きを読まないと理解できないファーストビューでは意味がないということです。

　とはいえ、伝えたいメッセージをファーストビューの領域に無理やり詰め込んでも、可読性が落ちて離脱につながってしまいます。その辺りのバランスこそがファーストビュー構築の肝と言えるでしょう。

役割❸ 直感的にオファー内容を理解してもらう

　ユーザーがファーストビューを見た際、どのような内容がオファーされているのか、瞬時に把握できるように設計しなければいけません。

　ユーザーは基本的に売り込まれることを嫌う傾向があります。「何を売り込まれているのかわからない状態」に居心地の悪さを感じてしまう（＝おいしい話のウラに何かあるのでは…と勘ぐってしまう）からです。

　そのため、販売側が何をこれからオファーしようとしているのか（＝何をユーザーに期待しているのか？）について直感的に理解できる構成にしなければいけません。

　以上のように、ファーストビューの役割を事前に押さえておくことで、全体のデザインやレイアウト、キャッチコピーなどを考える際にも、より根拠を持って臨めるようになるでしょう。

▼ 直接的にオファーの内容が理解できる例

例：美容サロン	例：サプリメント	例：オンラインサロン

店舗の内観・外観 ＝「来店」をオファー	商品のパッケージ ＝「購入」をオファー	会員サイトのイメージ画像 ＝「参加」をオファー

FV内には直観的にオファー内容が理解できるように文字情報や視覚情報を配置すると良い

4 CTAはLPに必須

コールトゥアクション

LPを構成する重要な要素に、CTA（Call To Action＝コールトゥアクション）があります。CTAの存在しないLPはLPとは呼べない、というぐらい大切な要素ですので、しっかりとその役割を理解しましょう。

CTAとは一体どういうもの？

LPの重要な構成要素のひとつが、CTA（Call To Action＝コールトゥアクション）です。

CTAとは、日本語にすると行動喚起という意味で、ユーザーがサイトに到着してから次に取ってもらいたい行動を指す用語です。具体例は次のようなものです。

❶ 商品やサービスの販売用LP→購入する・注文する・依頼する
❷ 問い合わせや申込み用のLP→問い合わせはこちら・今すぐ申し込む
❸ 資料請求用のLP　　　　　　→資料請求する・ダウンロードはこちら

LPにおけるCTAの３つの役割

表面的には単なるボタンにしか見えないCTAですが、LP全体においては次のような重要な役割を担っています。少し詳しく見ていきましょう。

役割❶ ユーザーにオファー内容を直感的に理解させる

CTAにはユーザーに対して、このLPは何をオファーしているのか？（＝ユーザーにどうして欲しいのか？）を直接的に伝える役割があります。

ファーストビュー内または直後にCTAを設置することによって、ユーザーはそのオファー内容を前提にページの続きを読み進めることになるため、そのオファーが価格や内容に見合ったものなのか、検討できる状態になります。

▼ CTAの役割

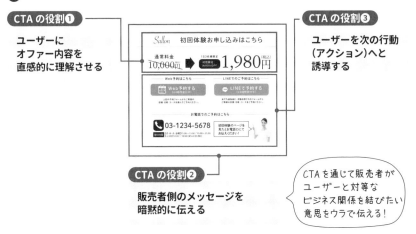

CTA の役割❶
ユーザーに
オファー内容を
直感的に理解させる

CTA の役割❸
ユーザーを次の行動
(アクション)へと
誘導する

CTA の役割❷
販売者側のメッセージを
暗黙的に伝える

CTA を通じて販売者が
ユーザーと対等な
ビジネス関係を結びたい
意思をウラで伝える!

役割❷　販売者側のメッセージを暗黙的に伝える

　CTAを設置することで、販売者側からユーザーに対して、以下の2つのメッセージを暗黙的に伝えることができます。

> ❶ 販売側がユーザーと対等なビジネス関係を築きたい
> ❷ 商材を販売することでユーザーの問題を解決したい

　CTAを通じて、ユーザーにとって価値のある商品やサービスを提供し、結果的にユーザーの抱える問題や課題の解決を約束するという販売側の意思やメッセージをウラで伝えることができます。

　これは、意外と見落としがちなCTAの役割といえます。

役割❸　ユーザーを次の行動 (アクション) へと誘導する

　商材に興味関心を持ってくれたユーザーに対して、わかりやすい出口を用意し、次のアクションへと自然に誘導することもCTAの大切な役割です。

　例えば、電話で話すのが苦手、LINEのほうが連絡が楽、メールでやり取りしたいといったように、各CTAのハードルの高さはユーザーごとに微妙に異なります。ターゲットの属性を意識しながら、複数のCTAを用意するなど最適な設計を心がけましょう。

CTAは、直接的と段階的の2つを使い分ける

CTAには、申し込みボタンや予約ボタンといった直接的な行動を促すタイプがある一方で、**サイトの回遊性を高めたり、より詳細な情報をユーザーに提供すると**いった段階的なCTAというタイプも存在します。

この直接的なCTAと段階的なCTAを非常にうまく使い分けている例が、Appleの公式サイトです。

▼ **CTAは直接的と段階的の2つを使い分ける**

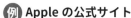

商材のテーマやオファー内容によって、
直接的な CTA と段階的な CTA を使い分けることも時には有効

例 Apple の公式サイト

ファーストビューで「さらに詳しく」と「購入」という2つの
CTA（選択肢）を提示することからスタートしている

Appleの公式サイトでは、ファーストビューで「さらに詳しく」と「購入」というボタンの2つが配置されており、このようなCTAを選択できるように工夫するケースも多く見られます。

ページに訪問したユーザーはまず「さらに詳しく」もしくは「購入」の2択のどちらかを選んでから、サイトの閲覧を進めていくといった導線になっています。

LP制作においては、このようにCTAという要素を単に表面的なボタンや電話番号といったものと見なさず、**ユーザーがコンバージョンに至るまでに必要不可欠なアクション**として捉える視点はとても重要です。

5 ユーザーを計画通りに動かすクリティカルパス

「LPは縦型1ページである」という形式に縛られた単純思考に陥らないために、必要となるのが、ユーザーを計画通りに動かすためのクリティカルパスという考え方です。

クリティカルパスとは？

クリティカルパスというのは、ユーザーが確実にコンバージョンに至る道筋のことです。

LP制作おいては、ユーザーに適切な情報を正しい順序で与えながら、コンバージョンを達成する道筋（＝クリティカルパス）にうまく誘導していくことこそが、まさに最重要課題となります。

なお、"クリティカルパス＝コンバージョンへと確実に至る道筋"というのは私が考えた名称で、LP制作業界ではゴールデンルートと呼ばれることもあります。

表面的な形式よりも重要なのは"クリティカルパス"

第1章にて、LPはメインサイト型やマイクロサイト型、完全独立型の3つのタイプに分けられるという話をしましたが、どのタイプを選んだとしても、制作側が必ず共通して持つべき概念が、このクリティカルパスです。

コンバージョン（＝問い合わせ・資料請求・購入etc.）を目的としたLPを作成する際は、縦型1ページだろうが、複数ページだろうが、あらかじめユーザーがたどり着くゴールから逆算して導線を設計しなければいけません。

情報接触順序をコントロールしてユーザーを意図通りに動かす

▼ LPタイプ別クリティカルパス

マイクロサイト型LPの場合

情報接触の順序をある程度はユーザーに任せるが、コンバージョンに至る道筋は確実に確保しておく

完全独立型LPの場合

意図した順番でユーザーに対して情報を提供しながら、コンバージョンまで導く

クリティカルパスの道筋

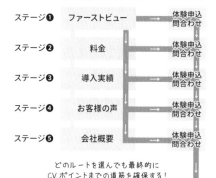

どのルートを選んでも最終的に
CVポイントまでの道筋を確保する!

コンバージョン達成!

複数ページで編成されるLPでも、「CTAを全ページの最下部に設置する」「追従バナーを設置してCTAへの導線を確保する」といった方法で、ユーザーが自由にサイトを回遊しても、最終的にはコンバージョンポイントにたどり着く設計にする

クリティカルパスの道筋

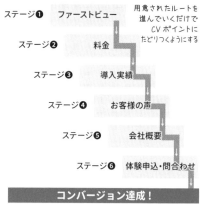

用意されたルートを
進んでいくだけで
CVポイントに
たどりつくようにする

コンバージョン達成!

縦型1ページの完全独立型LPの場合、情報接触順序をコントロールできるので、読了率を高めるストーリー構成を練ることで、確実にユーザーがコンバージョンポイントにたどり着くように設計する

クリティカルパスの目的は適切な順序で情報を与えること

クリティカルパスを用意する目的は、ページ内でユーザーをこちらの意図通りに動かすことです。

そのためには、ユーザーがサイト内で迷うことのないように、適切な順序で情報を与えていくこと（＝情報接触順序）が肝となってきます。

この情報接触順序というのは、その名の通り、ユーザーがサイト内で接する情報の順番です。

いくら、ユーザーにとって有益な情報が掲載されていたとしても、それだけでコンバージョンに到達するわけではありません。

あくまでユーザーが知りたい情報を知りたい順序で伝えるからこそ、自然とゴールに導くことが可能になるのです。

なお、情報接触順序を意識しながら、クリティカルパスを考えていく上で土台となるのが、AIDMAやPASONAといったコピーライティングで用いられる代表的なフレームワークです。

これらのフレームワークについてはライティングの章で解説しますので、今はクリティカルパスの重要性について理解しておくだけで十分です。

▼ クリティカルパス基本的な考え方

ファーストビュー　　　こんな悩みありませんか？　　　商品紹介

| 年齢に負けない輝きとハリをあなたへ | → 疑問に先回り → | 乾燥やシワが気になる方へ | → 疑問に先回り → | 高濃度ヒアルロン酸ビタミンCコラーゲン配合臨床試験で95%のユーザーが満足 | → 疑問に先回り → |

この商品きょうみあるけど何が強みなの？

どんな成分が配合されているの？

値段はいくらなの？

価格・特典　　　よくある質問

| 初回限定50%オフ 2,980円 | → 疑問に先回り → | 送料についてお届け日について解約方法について | → 購入!! |

どうやって購入するの？何日で届くの？

よし買ってみよう！

クリティカルパスを意識してユーザーが知りたい順序で情報を伝えることでLPの読了率は自然と高まる

6 多様な役割を持つサンクスページ

サンクスページとは、購入や登録完了後に自動遷移で表示されるページですが、改めてLP制作におけるサンクスページの役割を整理しておきましょう。

サンクスページとは？

サンクスページ（Thanks Page）とは、LPを通じてユーザーが登録・予約・購入などを行い、フォームを送信した後に自動的に表示されるページのことを指します。別名、サンキューページとも呼ばれます。

例えば、「お問い合わせありがとうございます」といった文言で、ユーザーに対して無事に作業が完了したことに対する感謝の意を示すといったケースが一般的です。

サンクスページの役割というのは、単にユーザーに感謝を伝えるだけのものではありません。

LPにおけるサンクスページの役割を整理しながら、より効果的なサンクスページを用意できるようにしていきましょう。

サンクスページの主な３つの役割

サンクスページの主な役割は、以下の通りです。

役割❶ 広告運用などで計測用のページとして使用する

サンクスページの最も代表的な役割は、広告計測タグを埋め込むことによってコンバージョンのデータを取得することです。

「登録完了＝サンクスページへの到達（計測タグの発火）＝コンバージョン達成」という仕組みを作っておくことで、LPにアクセスしたユーザーの何名が登録したのかを調べることができます。

▼ 広告運用のデータ計測用として使用するサンクスページ

例えば、Google広告やYahoo!広告などで発行できるコンバージョンタグをサンクスページに埋め込むことで、広告経由でアクセスしたユーザーがフォームを送信してサンクスページに到達したデータを計測することができます。

役割❷ ユーザーと積極的にコミュニケーションを取る

サンクスページの役割というのは、単に計測用だけに留まりません。

サンクスページに訪れている時点で、ユーザーは販売主をある程度信用している状態のため、さらにそこからユーザーと積極的にコミュニケーションを取る役割を与えることができます。

▼ ユーザーと積極的にコミュニケーションを取るサンクスページ

問い合わせ直後のユーザーに対して今後の流れや他のコンテンツを提供する

[参考事例] 引っ越し業者のサンクスページ

引っ越しの見積もりを取ったユーザーに対して
・ご結婚を機に引っ越しされる方
・不要品の処分や梱包作業について
・近所へのあいさつ品
といった引っ越しにまつわる状況や困り事を想定したコンテンツをサンクスページに掲載している

[参考事例] PC買取業者のサンクスページ

PC買取の申込みを行ったユーザーに対して
・マイページへの案内（買取進捗の確認方法）
・今後の流れ（梱包や発送の流れ）
といったユーザーが次に知りたい情報を先回りしてサンクスページにまとめて、スムーズな案内を実現している

例えば、引っ越し業者であればサンクスページ内で、「引っ越しにまつわるユーザーの悩みに対して回答するコンテンツ」を用意したり、PC買取サービスでは「今後の作業手順を案内する」といった事例もあります。

役割❸ ユーザーに追加のアクションを促す

サンクスページを見ているユーザーは、こちらの話を聞いてくれる状態になっているので、続けて別のメッセージやオファーなどを伝えるのも効果的です。

資料請求をしたユーザーに対して、資料のダウンロードリンクだけではなく、「オンライン面談に関する案内を別途サンクスページに設置する」といった事例があります。

▼ ユーザーに追加アクションを促すサンクスページ

問い合わせ直後のユーザーに対して次のアクション（DL、面談、LINE登録など）に誘導している

※登録直後はユーザーのテンションが一番高い状態。信用度がUPしているため、次の提案も受け入れる心理状態になっているチャンスを狙う

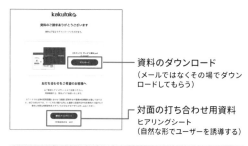

資料のダウンロード
（メールではなくその場でダウンロードしてもらう）

対面の打ち合わせ用資料
ヒアリングシート
（自然な形でユーザーを誘導する）

［参考事例］営業代行サービスのサンクスページ

営業代行に関する資料請求を行った後、自動返信メールだけではなく、サンクスページにもダウンロードボタンを設置すると同時に、面談を希望するユーザーに対して「事前ヒアリングシート」を提供することで、スムーズな顧客対応を実現している

他にも、LINE登録やアプリダウンロードといった、ユーザーに次のアクションを促す例もよく見られます。

このように、サンクスページの役割を工夫することでユーザーとより親密な関係性を構築するチャンスがあることをぜひ知っておきましょう。

補足 クッションページとは？

補足として、クッションページという言葉も一緒に押さえておきましょう。

クッションページとは、自分たちがサンクスページを編集する権利を持っておらず、計測タグを埋め込めない場合に代用されるページです。

例えば、記事型LPを通じて広告経由のアフィリエイトを行うといった場合、広告主のLPというのは基本的にアフィリエイター側で編集することはできません。

※ 別途申請して特別に埋め込んでもらうケースもあります。

▼ クッションページ

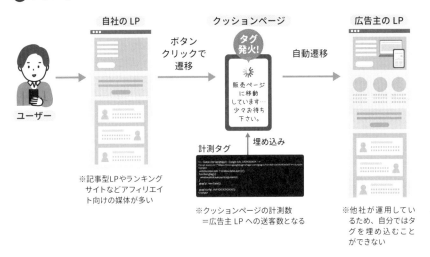

自社のLP
ボタン
クリックで
遷移

※記事型LPやランキング
サイトなどアフィリエイ
ト向けの媒体が多い

クッションページ
タグ
発火！

販売ページに移動しています…少々お待ち下さい。

計測タグ 埋め込み

自動遷移

※クッションページの計測数
＝広告主LPへの送客数となる

広告主のLP

※他社が運用してい
るため、自分ではタ
グを埋め込むこと
ができない

ユーザー

そこで事前にクッションページを用意し、そのクッションページに計測タグを埋め込むことで、自社のLPからどのくらいのユーザーが広告主のLPに送客されたのかデータを取得することができます。

このようにLP制作では、本体のページ以外にも様々な役割を担うページがあるということを理解しておくと良いでしょう。

7 | ダイレクト広告

世の中の広告は、マス広告とダイレクト広告に分けられます。LPは、基本的にダイレクト広告に分類される媒体です。2つの違いを確認しましょう。

広告はマス広告とダイレクト広告に分かれる

世の中の広告は、マス広告とダイレクト広告の2つに分けることができます。

LP制作に取り組む上で、両者の違いを理解しておかないと、中途半端で曖昧な制作物が出来上がってしまうので注意したいところです。

そこで今一度、マス広告とダイレクト広告の違いについて整理しておきましょう。

▼ マス広告とダイレクト広告

マス広告	ダイレクト広告

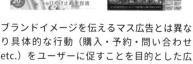

主に大企業がイメージアップやブランドイメージの構築や定着を狙った広告。
洗練されたビジュアルとキャッチコピーがメインの構成要素として使われる。テレビCMのほとんどはマス広告である

ブランドイメージを伝えるマス広告とは異なり具体的な行動（購入・予約・問い合わせetc.）をユーザーに促すことを目的とした広告。DMやチラシの他、TVショッピングなどはダイレクト広告に分類される

マス広告とは？

　マス広告は、自社のイメージアップやブランドイメージを定着するために用意する広告です。

　特定の個人に向けてではなく、一般大衆に向けて広く行われます。

　そのため、芸能人を起用して洗練されたビジュアルにしたり、専門のコピーライターに広く人々の心に刺さるキャッチコピーなどを考えてもらったりします。

　テレビ、ラジオ、新聞、雑誌といったマスメディアを使った広告のほとんどは、基本的にマス広告に分類されます。

　マス広告はより多くの人々に幅広くリーチできるメリットがある反面、広告経由の具体的な売上や利益をデータとして計測するのは難しいというデメリットがあります。

ダイレクト広告とは？

　ダイレクト広告とは、ブランドイメージを伝えるマス広告とは異なり、何らかのキャンペーンやオファーを直接訴求するタイプの広告となります。

　基本的には一般大衆ではなく、特定の個人に対して行われます。

　商品の購入や資料請求、登録作業といった特定の行動を促すために、興味関心を引くキャッチコピーやストーリー形式のコンテンツを用意する必要が出てきます。

　ダイレクト広告の代表的な媒体としては、オフラインではチラシやDMといった紙媒体、オンラインでは検索広告やバナー広告などが挙げられますが、そこでユーザーが閲覧するLPに関してもここに含まれるといって良いでしょう。

　ダイレクト広告の最大のメリットは、効果測定がマス広告よりも容易に実施できる点です。

　ユーザーの行動をすべてデータ化＝数値化することができるため、無駄を省いて予算を効率的に使うことが可能となります。

LPは主にダイレクト広告向けに作られる媒体である

▼ マス広告とダイレクト広告の違い

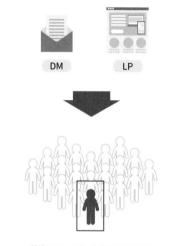

マス広告	ダイレクト広告
テレビ　ラジオ　新聞　雑誌	DM　LP
特定のセグメントに向けて配信	特定のターゲットに向けて配信
目的 ブランディング・認知など	目的 セールス・販売など

マス広告は、ブランディングや認知を目的として、より多くの人々に幅広くリーチできるメリットがある。一方で、広告経由の具体的な売上や利益をデータとして計測するのが難しいというデメリットがある

ダイレクト広告は、効果測定がマス広告よりも容易で、ユーザーの行動をすべてデータ化＝数値化できるメリットがあり、予算をマス広告より効率的に使うことができる。一方でリーチの幅が狭いデメリットもある

　両者の違いを理解する上で重要なのは、LPは基本的にダイレクト広告として使うための媒体だということです。

　一部の大企業を除いてLPを作るというのは、特定のユーザーにこちらの意図した行動を促すダイレクト広告を作るという意味に等しいといえます。

　もし、LPをブランディングを目的としたマス広告として作るのであれば、前提となる予算やデザインの雰囲気が全く変わってくるということは事前に知っておきましょう。

8 LP制作の極意は、態度変容を連続させること

LP制作で成果を出す上で欠かせない重要概念として、他にも態度変容（トランスフォーメーション）が挙げられます。LP制作を通じて私たちが実現すべきなのは、このユーザーに態度変容を連続させることと言っても過言ではありません。

LP制作の極意は、態度変容を連続させること

LP制作に関するノウハウやテクニックは本書で紹介し切れないほど無数に存在しますが、それらはすべては、ユーザーに態度変容（トランスフォーメーション）を連続させることが目的だと理解しておくことがポイントです。

どれだけ計画的なマーケティングプランを用意しようが、どんなに綺麗なデザインを作ろうが、実際にLPを閲覧したユーザーの興味や関心、態度に変化を及ぼさないLPでは、望むような成果を生み出すことは難しいといえます。

態度変容（トランスフォーメーション）とは？

LP制作における態度変容（トランスフォーメーション）とは、

- **それまで商材を認知していなかったユーザーに興味を抱いてもらう**
- **買う気がなかったユーザーを買う気にさせる**

このように、LPを通じてそれまでのユーザーの行動や思考を多かれ少なかれ変化させるという意味です。

LP制作の極意は、態度変容を連続させること

このように、LPを上から順に読んでいく際に、どのような流れでユーザーの考え方や価値観を変えていくのか、そして最終的にどのような精神状態で申し込みや購入に至ってもらうのか、常にイメージしながら構成やデザインを考えていくと良いでしょう。

LPの成功事例を態度変容の視点から分析してみよう

「このLPの成約率が良かった」「このLPデザインで効果があった」といった成功事例を目にしたら、その表面的なデザインに注目するのではなく、**どのような話の流れでユーザーの態度を変容させているのか分析する癖をつける**と、自分のLP制作にも活かせる形で、有益な知見を得ることができるのでおすすめです。

9 | LP制作で必要な知識の全体像

本章では、LP制作に取り組む上で、必ず知っておきたい最重要概念について解説しました。次章以降では、さらに分野別にLP制作に関する知識を説明していきます。そこで、改めて今一度、LP制作で必要な知識の全体像を示しておきましょう。

LP制作は4つの分野に分けて学んでいこう

次章以降では、さらにLP制作を深く理解していくために、以下の4つの分野に大きく分けて説明していきます。

- **LPマーケティング** ‥ ターゲットに計画通りに進んでもらうための仕組み作り
- **LPライティング** ‥‥‥ ターゲットに行動してもらうための文章術
- **LPデザイン** ‥‥‥‥‥ ターゲットに正しく情報を届けるための創意工夫
- **LP広告運用** ‥‥‥‥‥ 理想のターゲットと出会うための機会創出

4つの分野をバランスよく学ぶことで良いLPを生み出せる

上記の4分野をバランスよく学んでいくことで、最終的にLPを活用したビジネス全体の集客力と販売力の向上につながっていくことになります。LPというのは、これらの4つの領域がうまく融合していないケースが非常に多くみられます。

- メインターゲット以外の客層がLPにどんどん流入してしまう
- 構成やストーリーは素晴らしくても、デザインが見づらくて離脱する
- 見た目はキレイだけれど心に響かず、行動に結びつかない
- 広告費を大量に投入してもコンバージョン数が増えていかない

例えば、このような場合、4つの分野のうちいずれかの視点が欠けてしまっていると見て良いでしょう。

繰り返しになりますが、LPというのは単に縦型1ページを作って広告に出せばそれで終わりではありません。

できる限り複合的な視点から設計していかないと、根本的な原因を見誤り、制作費や広告費の無駄使いもつながりかねません。

LP制作の目に見える部分、目に見えない部分のバランスを取りながら、本書を通じて、良いLPの土台を作る力をしっかり磨いていきましょう。

▼ LP制作の基礎知識リスト37

LPの重要概念
LP制作に関わるなら確実に押さえておきたい重要概念・キーワード

❶ コンバージョン
❷ ワンターゲット・ワンメッセージ・ワンオファー・ワンアウトカム
❸ ファーストビュー
❹ CTA(コール・トゥ・アクション)
❺ クリティカルパス(ゴールデンルート)
❻ サンクスページ
❼ マス広告とダイレクト広告
❽ 態度変容(トランスフォーメーション)

LPライティング
ターゲットに行動してもらうための情報設計方法と文章術

❶ 4つの基本情報(商品・価格・体験・会社)
❷ OATH の法則
❸ QUEST フォーミュラ
❹ 3つの not+1
❺ フック・GDT の法則・ジョンソンボックス
❻ クリフハンガー・インバルブメント効果
❼ トリプルリフレイン・ReasonWhy
❽ FAB フォーミュラ
❾ マイクロコピー・テイクアウェイセーリング・特典(ボーナス)

LPマーケティング
ターゲットを明確化する仮説力と売れる仕組みを構築する力

❶ DRM(ダイレクトレスポンスマーケティング)
❷ マーケティング・ファネル
❸ 3つの集客方法(SEO/PPC/SNS)
❹ セグメント・ターゲット・ペルソナ
❺ オプトイン・フロントエンド・バックエンド
❻ クロスセル・アップセル・ダウンセル
❼ LTV(ライフタイムバリュー)

LPデザイン
ターゲットに正しく情報を届けるためのクリエイティブの創意工夫

❶ レイアウト ❷ フォント ❸ 写真画像素材
❹ デバイス ❺ 配色(カラー) ❻ コーディング

LP広告運用
理想ターゲットとの接点創出とLPを通じた顧客転換のキッカケ作り

❶ 一般的な専門用語(CPA/CVR など)
❷ 広告プロダクト(Google 広告など)
❸ 顕在層・潜在層
❹ 広告出稿スタート戦略(低予算・小規模)
❺ 配信形式・フォーマット
❻ バナーデザイン
❼ 運用改善(LPO)

第3章

売れる仕組みをつくる
LPマーケティング

LPを活用したLPマーケティングについて詳しく解説していきます。専門用語も多く理解が難しい部分もあると思いますが、図解で大枠を捉えるようにして学ぶとわかりやすいです。

1 LPマーケティングとは何か？

マーケティングと一口に言っても、そこに含まれるテーマや知識の量は膨大です。そこで、今回は本書の内容を理解しやすくするために、ここでは「LPを活用したマーケティング＝LPマーケティング」という範囲に限定して、話を進めます。

そもそもマーケティングとは何か？

マーケティングという言葉は日常的によく聞きますが、具体的に何を指しているのでしょうか？　まずはそこから考え直してみましょう。

例えば、『グロービスMBAマーケティング（第4版）』（ダイヤモンド社）の冒頭では、"マーケティング"を以下のように定義しています。

マーケティングの役割は、市場の変化を敏感に捉え、顧客ニーズや顧客満足を中心にした「買ってもらえる仕組み」を組織内に構築することである。マーケティング戦略は、❶環境分析、❷マーケティング課題の特定、❸セグメンテーション（市場の細分化）とターゲティング、❹ポジショニングの決定、❺マーケティング・ミックス（4P）の検討、❻実行計画の落とし込み、という一定のプロセスの中で策定される。

『グロービスMBAマーケティング』（ダイヤモンド社）
第1部より引用

要するにマーケティングとは、ユーザーに買ってもらえる仕組みをつくるとシンプルに理解しておくと良いでしょう。

マーケティング戦略6つのプロセスとは？

上記の引用でも触れている通り、マーケティング戦略は図のような6つのプロセスを経て実行されていきます。

▼ Webデザイナーでも知っておきたい基本的なマーケティング戦略策定プロセス

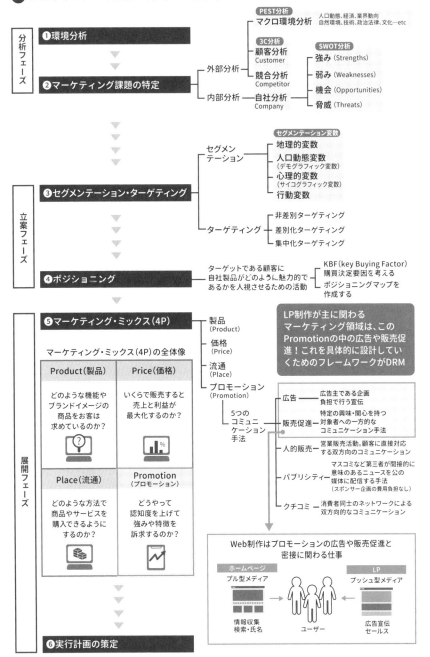

分析フェーズ

①環境分析

②マーケティング課題の特定

外部分析 — PEST分析
マクロ環境分析 — 人口動態、経済、業界動向 自然環境、技術、政治法律、文化…etc

3C分析
顧客分析 Customer
競合分析 Competitor

内部分析
自社分析 Company

SWOT分析
強み (Strengths)
弱み (Weaknesses)
機会 (Opportunities)
脅威 (Threats)

立案フェーズ

③セグメンテーション・ターゲティング

セグメンテーション
セグメンテーション変数
地理的変数
人口動態変数 (デモグラフィック変数)
心理的変数 (サイコグラフィック変数)
行動変数

ターゲティング
非差別ターゲティング
差別化ターゲティング
集中化ターゲティング

④ポジショニング
ターゲットである顧客に
自社製品がどのように魅力的で
あるかを人視させるための活動

KBF (key Buying Factor)
購買決定要因を考える
ポジショニングマップを
作成する

展開フェーズ

⑤マーケティング・ミックス（4P）

マーケティング・ミックス（4P）の全体像

Product（製品）	Price（価格）
どのような機能や ブランドイメージの 商品をお客は 求めているのか？	いくらで販売すると 売上と利益が 最大化するのか？
Place（流通）	Promotion（プロモーション）
どのような方法で 商品やサービスを 購入できるように するのか？	どうやって 認知度を上げて 強みや特徴を 訴求するのか？

製品 (Product)
価格 (Price)
流通 (Place)
プロモーション (Promotion)

5つの
コミュニケーション
手法

LP制作が主に関わる マーケティング領域は、この Promotionの中の広告や販売促進！これを具体的に設計していくためのフレームワークがDRM

広告 — 広告主である企画 負担で行う宣伝

販売促進 — 特定の興味・関心を持つ 対象者への一方的な コミュニケーション手法

人的販売 — 営業販売活動。顧客に直接対応 する双方向のコミュニケーション

パブリシティー — マスコミなど第三者が間接的に 意味のあるニュースを公の 媒体に配信する手法 (スポンサー企画の費用負担なし)

クチコミ — 消費者同士のネットワークによる 双方向的なコミュニケーション

Web制作はプロモーションの広告や販売促進と 密接に関わる仕事

ホームページ
プル型メディア
情報収集
検索・氏名

ユーザー

LP
プッシュ型メディア
広告宣伝
セールス

⑥実行計画の策定

この図を見るだけでも、マーケティングに取り組むということは、一筋縄ではいかないことがわかります。

LPマーケティングとは？

マーケティングには、6つのプロセスがあることを理解した上で、改めてLPを活用したマーケティングとは何かについて、考えてみることにしましょう。

本章で述べているLPマーケティングとは、基本的に企業の活動におけるマーケティング・ミックス（4P）の中のプロモーション（Promotion）に位置する領域となります。

そのプロモーションの中の広告と販売促進で用いられるのがLPです。

商品設計とLP制作は同時に進めない

LP制作にマーケティングの視点を取り入れよう、という話はよく耳にします。このようにLPが自社のビジネスの中でどんな役割を担うのか、常に確認しながら進めることはとても大切です。

よくある失敗例が、製品（Product）＝商品設計とプロモーション（Promotion）＝LP設計を同時並行で進めてしまい、結果的に遠回りしてしまうといった残念なケースです。

誰に売るか？　価格はいくらにするか？　商品の名前は何か？　といった商品設計が曖昧な状態で、いくら見た目のデザインをキレイに整えてたとしても、そのLPはうまく機能しないので注意しましょう。

LPマーケティングはDRMで設計する

それでは、プロモーション（Promotion）＝広告・販売促進を目的としたLP制作を考えていく上で、どのような視点や切り口を参考にすれば良いのでしょうか？

ここで私がおすすめするのは、DRM（ダイレクトレスポンスマーケティング）という考え方です。

このDRMという考え方を学ぶことで、私たちはLPをより的確に求めるユーザーへと届けることができるようになります。

次節ではそのDRMについて詳しく解説していきましょう。

2 顧客から直接反応を得る マーケティング手法DRM

DRM（ダイレクトレスポンスマーケティング）は、インターネット上でLPを活用して集客販売を行う上でとても重要な概念のひとつです。
個人・中小企業レベルでも実践しやすいモデルとなっていますので、ぜひ詳しく学んでいきましょう。

DRM（ダイレクトレスポンスマーケティング）とは？

DRM（Direct Response Marketing）とは、読んで字のごとく、ユーザーから直接的に反応を得るためのマーケティング手法です。

具体的に言うと、DRMは以下の4つのステップで取り組んでいきます。

> ❶見込み客リストを集める　→　❷見込み客を選別する　→
> ❸見込み客に商品を販売する　→　❹新規客をフォローする

このDRMを用いて実践する広告や販売促進は、非常にインターネットと相性が良く、これら4つのステップで私たちが学んでいるLPという媒体が活用されるというわけです。

ただ、これらのステップを単に順番にマネすればそれだけで成功できるとは限りません。

そこで、改めてLP制作を通じて実践するDRMの本質について学んでいきましょう。

▼ DRM＝個人がターゲットに対して効率的に広告や販売促進できるマーケティング手法

Step：1	Step：2	Step：3	Step：4
見込み客リストを集める	見込み客リストを選別する	見込み顧客に商品を販売する	新規客をフォローする
潜在顧客	顕在顧客	新規顧客	優良顧客
＝そのうち客	＝今すぐ客	＝新規購入者	＝リピーター
ニーズが顕在化していない見込客。課題はあるが、解決策となるサービスや商品を知らない層	ニーズが顕在化している見込み顧客。すでに課題を解決できるサービスや商品をいくつか知っている層	商品やサービスを一度でも購入したことのある既存の購買層。	商品やサービスを繰り返し購入・申し込むリピート・ファン層
行動パターン	行動パターン	行動パターン	行動パターン
興味関心を持つ認知する	比較検討する無料で試す	お金を払う商品を体験する	リピートする関連商品を買う
自社の商品の見込み客となりそうなユーザーのリスト（メールアドレス・LINE アカウント・電話番号 etc）を集める	集めた見込み客に対して情報提供を行い、商品のコンセプトや商品知識、自社の価値観などを共有する	あらかじめ自社の情報を共有している見込み客に、商品を購入してもらい新規顧客になってもらう	購入後も継続的なサポートやフォローを続けることで、長期的に購入・継続するリピーターになってもらう

顧客の段階や行動パターン

▍DRMは誰が始めたの？

▼ DRMの発祥

1872年の起業家アーロン・モンゴメリー・ウォードによる世界初のメールオーダーがDRMの原型となった

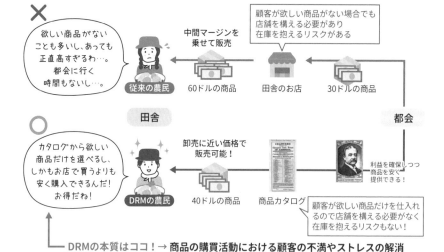

DRMの本質はココ！→ 商品の購買活動における顧客の不満やストレスの解消

実はDRMの手法自体は古くから存在しており、1872年に米国のアーロン・モンゴメリー・ウォードという起業家が、世界で初めてメールオーダーを始めたことが起源と言われています。

　当時のアメリカは小売中心だったため、田舎では手に入らない商品も多く、さらに都会から田舎に運ぶ中間マージンも発生するので、農民にとって商品の価格がいつも高い状態が続いていました。

　そこでウォードは、その中間マージンの高さに着目して、卸価格に近い価格で消費者に直接カタログを通じて商品を販売すれば、農民が買い物で遠出をする手間も省け、価格も安くできるのでは？と考えたのです。

　結果的にこのアイデアが大成功し、後のカタログ販売ビジネスの原型となっていきます。

DRMの目的は、顧客の不満やストレスを解消すること

▼ DRMの好循環はそのままビジネス全体の好循環を生み出す

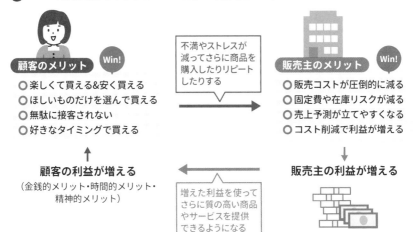

この好循環を生み出していないビジネスは、
DRMを正しく実践していないということ

ここで重要なのは、DRMは決して効率的に儲かるとか、販売コストや初期投資を削れるといった**販売者側の都合で始まったわけではない**ということです。

　DRMに取り組む最大の目的は、**商品の購買活動における顧客の不満やストレスを解消すること**であり、その結果として**販売者と購入者がお互いWin-Winの関係**（＝DRMの好循環を生み出せる）になれるというわけです。

　この本質を見失ったままで、DRMの仕組みやLPを作っても、販売者だけが美味しい思いをするだけで、顧客の不満が溜まり続け支持を失ってしまうので注意しましょう。

▍DRMはインターネットと最高に相性が良い

　ウォードの時代は紙のカタログを1枚ずつ配る必要がありましたが、現代では、**インターネットを通じてLPにアクセスしてもらうことで、DRMを計画的に実行**できるようになりました。

　さらに、ユーザー行動をツールで数値化や効果測定できたり、ターゲティング機能の進化によって、それまでマス広告を打つ大きな予算やリソースを持っていなかった中小企業や個人事業主でも、極めて少額な予算からLPを使ったDRMのテストや販売が可能になりました。

　特に、LPという媒体は従来の印刷物とは異なり、ページの追加修正が容易であり、紙面の制限もなく、ターゲットに合わせて柔軟にページを変更することも可能です。

　要するに、私たちがLPを通じてネット上で集客販売する手法であるDRMの原型は、すでに古くから存在していました。

　時代の進化に応じてDRMの具体的な手法やノウハウが変化しようとも、その裏側にある本質的な目的や狙いは不変であると理解することは大変重要です。

3 ユーザーを購入へ導く マーケティング・ファネル

DRMの本質を学んだら、次はその具体的な設計方法を学んでいきましょう。
DRMの設計は、基本的にマーケティング・ファネルという概念とLPを組み
合わせて取り組んでいきます。このマーケティング・ファネルの構築にLPを
活用する方法を学びましょう。

■ マーケティング・ファネルとは？

ファネル（Funnel）とは、漏斗のことで、認知から購入に至るユーザーを抽出
する形に似ていることから、顧客の購買行動と購入後の行動プロセスを段階別でモ
デル化したものをマーケティング・ファネルと呼ぶようになりました。

現代では、ユーザーの行動パターンが多様化したことから、マーケティング・フ
ァネルという考え方自体がすでに古いという意見もありますが、LP制作で成果を
生み出す上でまだまだ有効な枠組みだと考えています。

■ マーケティング・ファネルの基本的な全体像

マーケティング・ファネルにはいくつか種類があります。代表的なものとしては
次のダブルファネルが挙げられます。

ダブルファネルとは、顧客の購買行動を段階的に表したパーチェスファネルと、
購入後の顧客の行動プロセスをモデル化したインフルエンスファネルが合わさった
ものです。

パーチェスファネルは、商品やサービスを購入するまでに認知→興味・関心→比
較・検討→購入というステップのことを指します。

一方でインフルエンスファネルでは、ユーザーがその商品やサービスを継続し、
その魅力をクチコミやSNSで紹介し、フォローやシェアによって発信・拡散して
いくというプロセスを表しています。

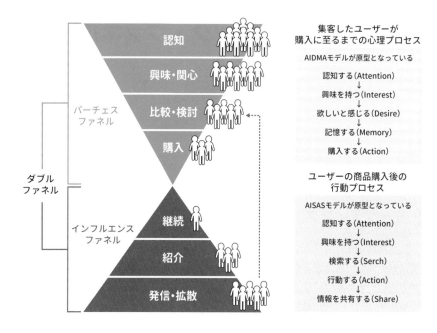

▼ マーケティング・ファネル

DRMの実践に必要不可欠な → **マーケティング・ファネル** 顧客の購買行動と購入後の行動プロセスを段階別でモデル化したもの（※ファネル＝漏斗）

集客したユーザーが購入に至るまでの心理プロセス

AIDMAモデルが原型となっている

認知する（Attention）
↓
興味を持つ（Interest）
↓
欲しいと感じる（Desire）
↓
記憶する（Memory）
↓
購入する（Action）

ユーザーの商品購入後の行動プロセス

AISASモデルが原型となっている

認知する（Attention）
↓
興味を持つ（Interest）
↓
検索する（Serch）
↓
行動する（Action）
↓
情報を共有する（Share）

消費者行動の多様化や商品購入よりも継続（サブスク）を重視といった時代背景もあり、マーケティング・ファネル自体が古い考え方と言われるようになっているが、LP制作で成果を生み出す上では、まだまだ有効な枠組みである

LPはマーケティング・ファネルを突き進むための次なる扉

　ここが重要ですが、もしLPを使って集客販売に取り組むのであれば、**どのファネルの段階にいるユーザーに対してLPを見せるのか**を事前に意識しておかなければいけません。

　つまり、これから作るLPがファネル内のユーザーをどこからどこの段階に導くものなのか、構成やデザインを作り込む前に明確にしておくべきというわけです。

　どの状態のユーザーに対して見せるLPなのか、不明確なまま制作を進めてしまうと、ファーストビューの切り口やキャッチコピー、CTAの文言などがすべて曖昧でぼやけてしまうので気をつけましょう。

LPを使って集客販売に取り組むとは、言い換えるとDRMを実践する上で、このマーケティング・ファネルを構築していくことに他なりません。

ファネル内のLPが確実にユーザーを次の段階へ進めるように制作していきましょう。

▼ **LPを使ったマーケティング・ファネルの例**

LPは、マーケティング・ファネルを進むための「次なる扉」

LPの切り口の具体例
（ダイエットサプリ）

	目的	主な例
認知 / LP①	商材に興味関心を抱いてもらうためのLP	・記事型LP（情報提供型LP） ・アンケート
興味・関心 / LP②	商材を比較検討してもらうためのLP	・オプトインLP（無料オファーLP）
比較・検討 / LP③ / 購入	実際に商材を購入してもらうためのLP	・フロントエンドLP ・クロスセルLP ・アップセル＆ダウンセルLP
継続 / LP④	さらに追加で関連商材を購入してもらうためのLP	・バックエンドLP
紹介 / LP⑤ / 発信・拡散	紹介による新規顧客獲得目的のために用意するLP	・紹介キャンペーンLP（SNSでのシェア）

LPの切り口のキャッチコピー例：
- 年を取るたびに増えて行く体重 もしかして気になっていませんか…？　**気になる方はクリック**
- 今なら体脂肪サプリ「〇〇〇〇」無料プレゼント中！　¥1,980 →¥0　**無料で試してみる**
- 今だけ初月無料！定期購入キャンペーン実施中！¥1,280/月　**定期購入する**
- マンツーマンのダイエットレッスンに参加しませんか？¥50,000/10回　**参加申し込みする**
- 本商品をSNSでシェアするとAmazonギフト券3,000円分プレゼント！　**SNSでシェアする**

⚠ マーケティング・ファネルのどの段階で使うLPなのかを事前に明確にしておかなければ、キャッチコピーの切り口や訴求内容、構成全体がすべて曖昧で不明瞭になるので注意

77

4 LPマーケティングの入り口 SEO・PPC・SNS

マーケティング・ファネルを設計する際は、全体の構造を入口と内部、出口
の３つに分けて考えていくと良いでしょう。
そこで、最初にファネルの入口部分について詳しく説明していきます。

マーケティング・ファネルは３つの部分に分けて考える

マーケティング・ファネルを設計していく際は、全体の構造を入口と内部、出口
の３つに分けて考えると進めやすくなります。

▼ DRMのマーケティングファネルは３つに分けて考える

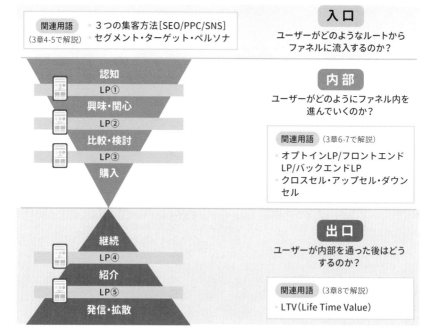

> **入口** ‥‥ ユーザーがどのようなルートからファネルに流入するのか？
> **内部** ‥‥ ユーザーがどのようにファネル内を進んでいくのか？
> **出口** ‥‥ ユーザーが内部を通った後はどうするのか？

　ファネルをこの3つに分けた上で、各ユーザーに最適なLPを用意することこそが、LPマーケティングが目指すべきゴールとなります。

　そこで、本項ではまずマーケティング・ファネルの入口について具体的に解説していきます。

┃ LPマーケティングの流入経路は3パターン

　ファネルの入口からユーザーが流入するパターンは、大きく分けて以下の3つです。

▼ マーケティング・ファネルの流入経路は以下の3つに大別される

①	②	③
SEO Search Engine Optmization	**PPC** Pay Per Click	**SNS** Social Networking Service
Google の 検索エンジンを通じて 自分の LP に アクセスを呼び込む方法	リスティング広告など 広告費を支払うことで 自分の LP に アクセスを呼び込む方法	Facebook・X など各種 SNS を活用して 自分の LP に アクセスを呼び込む方法
主な使用媒体	主な使用媒体	主な使用媒体
・オウンドメディア ・コーポレートサイト ・EC サイト	・ランディングページ ・記事型 LP ・ランキングサイト	・Facebook、Instagram ・X（旧 Twitter）、YouTube ・食べログなど口コミサイト

LPにアクセス どのメイン経路でユーザーをファネルに流入させるのか 実際に LP 制作を進める前に確認しておこう

※ PPCという用語は、Pay Per Click＝クリック課金広告の意味ですが、本書では覚えやすさを優先して「広告経由のアクセス」という意味で扱っています。

基本的に、ユーザーをファネルに流入させる方法は上記の３つしかないことを理解しておくことが、LPマーケティングではとても重要です。

どの経路でこれから作るLPにユーザーを流入させるのか、事前に確認しておかないと、構成や文章の切り口、用意すべき写真素材などの方向性が大きく変わってきてしまうからです。

- オウンドメディアを運営しているので、そこから流入したユーザーをサイト内でLPに誘導する（SEO）
- Googleの検索広告を通じて今すぐ客をLPに呼び込む（PPC）
- SNSのプロフィールやバズった投稿のコメント欄からLPに流入させる（SNS）

上記のように流入経路によって、ユーザーの心理状態や前提条件が異なることを踏まえて、実際に制作するLPの訴求内容や具体的なデザイン、雰囲気もそれらに応じて最適なものを用意しなければいけません。

▼ ファネルの流入経路によって、用意すべきLPの内容も変わる

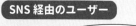

SEO 経由のユーザー

外壁塗装の会社

数年後に自宅をリフォームしたいけどどのくらいの予算なんだろう??

そのうち客

実際の建築事例を紹介したパンフレットを無料でプレゼント!

PPC 経由のユーザー

外壁塗装の会社

台風で家の壁の塗装が剥がれちゃった!!どうしよう!!

いますぐ客

外壁塗装の修繕はおまかせください!迅速に対応いたします!

SNS 経由のユーザー

外壁塗装の会社

オシャレな家にいつか住みたいなぁ〜YouTuberさんのセルフDIYの動画見てみよう

そのうち客

あの有名な○○愛用!「○○」タイルの資料をPDFで配布しています!

5 間違いやすいセグメント・ターゲット・ペルソナ

マーケティング・ファネルを設計する上で、どのような方法でファネルにユーザーを流入させるのか、3つの方法に分けてお話しました。次は、実際に誰を呼び込めばいいのか、具体的に考える方法を学びます。

市場分析やターゲット分析の用語を整理しておこう

ファネルの流入経路に誰を呼び込むのか、具体的な「人=ターゲット」の考え方について学んでいきます。

ここで多くの人が混乱してしまうのは、いわゆるターゲットやセグメントといった、市場分析やマーケット分析で主に使われる用語です。

どれも似たようなカタカナのため、適当に使ってしまうケースも多いのですが、今一度しっかりと整理をしておきましょう。

❶セグメンテーションとセグメントの違い

セグメンテーションとは、市場を細分化することです。その構成要素のことをセグメントと呼びます。

> **セグメンテーション**…**市場全体を異なる属性・特性・行動パターンなどに基づいて細分化する行為**
> **セグメント**…**セグメンテーションによって細分化した中の特定の集団**

❷ターゲティングとターゲットの違い

そして、ターゲティングとは、そのセグメントを選ぶ行為で、ターゲティングによって選ばれた対象がターゲットとなります。

> **ターゲティング**…**セグメントの中から特定の対象を選ぶ行為**
> **ターゲット**…**ターゲティングの結果選ばれた顧客や受け手**

❸ペルソナとは？

一方で、LP制作に関わっているとペルソナという言葉が出てきます。

> **ペルソナ** …**ターゲットの具体的なユーザー像を設定したもの**

ペルソナとは、仮想の人物像やキャラクターを表現する手法です。具体的に商品やサービスを求めている顧客をイメージすることで、訴求力のあるメッセージや構成を考えるために用意されます。

これらの用語を事前に整理しておくことで、LPをどんな人に届けるのか？をあらかじめ明確にすることができます。LP制作を外部に発注する場合や、広告運用を代行してもらう際にも、セグメントやターゲットを明確に伝えておくことで終始一貫して取り組むことが可能になります。ぜひ違いを理解しておきましょう。

▼ セグメント・ターゲット・ペルソナを区別しておこう

やや幅のある抽象的な設定　　　　　　　　　　人物像をよりリアルに設定

設定の抽象度

40代既婚女性・札幌在住のセグメント

ターゲット

ターゲット
ターゲティングで
標的にされた対象

ターゲティング
標的にする「セグメント」
を選ぶ行為のこと

ペルソナ
趣味や嗜好、行動パターンなど
ターゲット像より
具体的に設定したもの

10代 未婚男性 東京在住	20代 未婚男性 大阪在住	30代 未婚男性 仙台在住	40代 未婚男性 札幌在住	50代 未婚男性 福岡在住	60代 未婚男性 広島在住
10代 未婚女性 東京在住	20代 未婚女性 大阪在住	30代 未婚女性 仙台在住	40代 未婚女性 札幌在住	50代 未婚女性 福岡在住	60代 未婚女性 広島在住
10代 既婚男性 東京在住	20代 既婚男性 大阪在住	30代 既婚男性 仙台在住	40代 既婚男性 札幌在住	50代 既婚男性 福岡在住	60代 既婚男性 広島在住
10代 既婚女性 東京在住	20代 既婚女性 大阪在住	30代 既婚女性 仙台在住	**40代 既婚女性 札幌在住**	50代 既婚女性 福岡在住	60代 既婚女性 広島在住

セグメント
セグメンテーションの構成要素
（細分化した特定の集団）

セグメンテーション
市場（マーケット）を年齢・性別・属性など
大まかな枠組みで細分化すること

名前：佐藤美和（さとうみわ）
年齢：42歳
居住地：北海道札幌市在住
職業：広告代理店のデザイナー
趣味：ヨガ、カフェ巡り、旅行、読書
特技：画像編集、スケッチ

趣味・特技：週に2回はエステやマッサージに通う。スキンケア製品には特にこだわりがあり、オーガニックや無添加の商品を選ぶ傾向がある。月に1回は新しい化粧品やスキンケア製品を試してみる。ビューティ系のYouTubeチャンネルやインスタグラマーをよくフォローしている。美容に関するセミナーやイベントにも興味があり、時々参加する。

ライフスタイル：週末は友人や同僚とランチやディナー、カフェ巡りを楽しむ。オンラインショッピングをよく利用し、新商品やトレンド情報に敏感。平日の夜や休日にはヨガ教室に通っている。年に2～3回は国内外の旅行を計画する。旅行先では特に現地の美容関連の商品やサービスを試してみるのが楽しみ。

家族構成：夫と息子。トイプードルを1匹飼っている。

価値観・考え：品質と環境への配慮を重視した商品やサービスを好む。自分磨きに時間とお金を投資する価値があると考える。持続可能なライフスタイルや環境問題にも興味がある。

6 ファネルの設計に合わせて使い分ける3つのLP

DRMに基づいたマーケティング・ファネルを構築する上で、大きな骨格となるLPが今回解説するオプトインLPやフロントエンドLP、バックエンドLPです。それぞれの特徴を詳しく見ていきましょう。

ファネルの設計に合わせて適切な役割のLPを用意しよう

一口にLPと言っても、ファネル内での役割によってLPは3つの種類に分けることができます。それが今回解説する**オプトインLP**や**フロントエンドLP**、**バックエンドLP**です。

どのLPを作成するかで、訴求するコンテンツや構成が大きく様変わりしますので、ひとつひとつ確認していきましょう。

※ ソフトウェア開発などの現場に携わっている方には"フロントエンド=ユーザーが見る部分"と"バックエンド=裏側の処理の部分"という認識のため、少し違和感があるかもしれませんが、本書では別の意味で定義しています。

❶ オプトインLP（＝無料オファーLP、リード獲得LP）

主に商材に興味関心のある見込み客を集めることを目的として作られるのが、オプトインLPです。

別名で、無料オファーLPやリード獲得LPとも呼ばれており、そこで集めた見込み客の情報（メールアドレスなど）は、通称"**リスト**"と言われています。

オプトインLPの最も大きな役割は、**リスト＝見込み客を集めること**です。まずは、無料でもいいからユーザーに商品の一部を手に取ってもらうことで、実際に購入するのか一度検討してもらうことを狙います。

▼ オプトインLPの役割

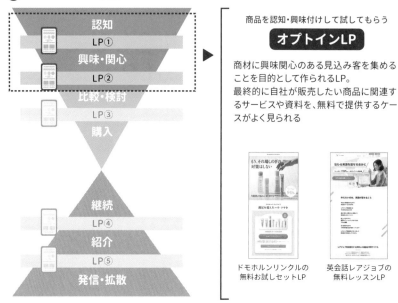

商品を認知・興味付けして試してもらう

オプトインLP

商材に興味関心のある見込み客を集めることを目的として作られるLP。
最終的に自社が販売したい商品に関連するサービスや資料を、無料で提供するケースがよく見られる

ドモホルンリンクルの
無料お試しセットLP

英会話レアジョブの
無料レッスンLP

- 無料の化粧品サンプルを配布するためのLP
- リフォームに関する資料請求を希望するためのLP
- 英語学習スクールの無料レッスンを申し込むためのLINE登録用のLP

　上記のように、最終的に自社が販売したい商品に関連するサービスを、まずは「無料」で提供するケースがよく見られます。

　オプトインLPで集めたユーザーに対して、メールマガジンの配信やSNSアカウントへの誘導、自動的に配信されるステップメールやLINEメッセージなどを組み合わせることで信頼感や接触頻度を高めつつ、次のフロントエンドLPに導いていく流れも、様々な業界業種で多く見られます。

❷フロントエンドLP

オプトインLPを通じて集まった見込み客に対して、一番最初の有料商品を販売することを目的として作られるのが、フロントエンドLPです。

フロントエンドLPの役割は、新規のお客さんに初めて自社の商品（フロントエンド商品）を買ってもらうことです。

▼ フロントエンドLPの役割

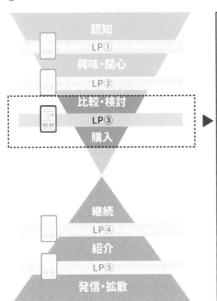

1円でも金銭を払って新規顧客になってもらう

フロントエンドLP

オプトインLPを通じて集まった見込客に対して、一番最初の有料商品を販売することを目的として作られるLP。1円以上の金銭を支払って新規顧客になってもらうことが最大の狙いで、低単価や原価ギリギリの商品が用意されるケースが多い

ファンケルのお試し商品
お申し込みLP

U-NEXTの申し込みLP
（1ヶ月無料期間付）

- 化粧品のトライアルキット1,980円を販売するLP
- プライベートジムの5,000円体験レッスンを紹介するLP
- 1ヶ月無料（自動更新）の家計管理アプリを紹介するLP

上記のようなLPがこのフロントエンドLPに当てはまります。

フロントエンドLPがオプトインLPと異なる最も大きな特徴は、見込み客に1円以上の金銭を支払ってもらうことにあります。

1円でもお金を支払って対価を受け取った点で、そのユーザーは自社のビジネスにとっての新規顧客となり、商品やサービスの魅力やメリットをより深く理解して

もらえるので、次のバックエンドLPで紹介する商品を購入する確率も上がるというわけです。

　そのため、フロントエンドLPで販売する商材は、基本的に低単価や原価ギリギリの商品・サービスが用意されるケースが多く、実際の売上や利益は次のバックエンドLPを通じて確保していくことになります。

❸ バックエンドLP

　フロントエンドLPを通じて商品を購入した新規顧客に対して、別の高単価や継続課金の商品・サービスを販売することを目的として作られるのが、バックエンドLPです。

　バックエンドLPの役割は、最終的なビジネスの売上と利益を生み出すことです。

▼ バックエンドLPの役割

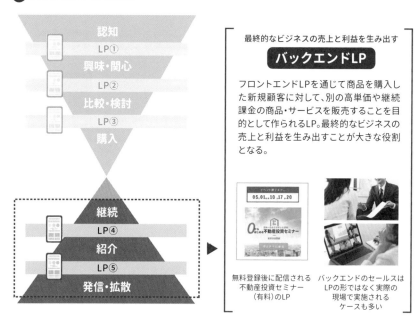

既存ユーザーに別の有料セミナーを募集期間限定で紹介するLP
英会話オンラインレッスンを受けたユーザーに6ヶ月コースを紹介するLP

※ 現場やZoomでの営業のケースもあり

　上記のようなLPが、バックエンドLPに当てはまります。

フロントエンドLPで販売する商品が多少赤字でも、バックエンドLPで別の商品（＝バックエンド商品）が売れれば十分に利益が確保できるようにファネル全体を設計するパターンはよく見かけます。

オプトインLPとフロントエンドLPは数、 バックエンドLPは利益を重視

　ここで重要なポイントは、オプトインLPやフロントエンドLPは見込み客やリストの数を重視して、バックエンドLPでは利益を重視する、という視点です。

　よく見られるLP制作の失敗例として、フロントエンドLPで高単価な商品やサービスをいきなり売るという事例があります。

　最速で利益を得たいという気持ちはわかりますが、商品やサービスの良さや魅力をあまり理解していないユーザーに対して、価格的にハードルの高い商品をおすすめしても、良い印象を持ってもらうことはできません。

　なお、このようにオプトイン（無料商品）・フロントエンド（低単価商品）・バックエンド（高単価商品）をうまく組み合わせることで、最終的な売上と利益を確保する方法は、LP制作の分野だけでなく、私たちの様々な生活の中でも頻繁に見られる仕組みです。

　例えば、スーパーマーケットなどは、店頭での試食や、激安の「玉子」「もやし」といった目玉商品（フロントエンド商品）、利益率の高い精肉（バックエンド商品）といった様々な価格帯の商品を組み合わせることで、トータルで黒字になるように調整されています。

　ちなみにこの方法は専門用語で、マーチャンダイジングミックスとも呼ばれており、LP制作に限らず世の中のビジネスの基本にもなっていますので、今一度確認おきましょう。

※ ちなみに、単価の基準に関しては、業界ごとに相場が異なるので、「500円は低単価！ 3万円は高単価！」という形で一括りにすることはできません。制作するLPの業界相場などをあらかじめ調査しておきましょう。

▼ それぞれのLPの役割の違い

バックエンドLP

数 ＜ 利益

オプトインLPやフロントエンドLPでは、基本的に低単価や原価ギリギリの商品やサービスが用意されるケースが多いが、実際の売上や利益はバックエンドLPを通じて確保することを意識して集客販売の流れを設計する

フロントエンド商品を提供して、バックエンド商品で利益を確保する方法は
日常生活でも多く取り入れられている

マクドナルドは無料クーポンを配って実店舗に集客し、別商品を購入させている

スーパーマーケットのもやしが安いのは、他の商品と抱き合わせで購入させて、最終的に黒字化させるため

100円ショップは実際には原価を超えている商品もあるが、赤字の商品と黒字の商品を組み合わせることで、最終的に利益が残る仕組みである

この手法は、マーチャンダイジングミックスと呼ばれる

7 | クロスセル・アップセル・ダウンセル

前節は、オプトインLP・フロントエンドLP・バックエンドLPの３つを解説しましたが、それらとは別の狙いや役割を持つクロスセル、アップセル、ダウンセルという他のDRMの販売手法について解説します。

クロスセル（同時に別の商品をセールスする）

▼ クロスセル（cross sell）

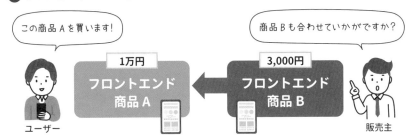

フロントエンド商品と同時に、ついで買い＆合わせ買いを
狙って別の商品も合わせてセールスすること

クロスセルとは、フロントエンド商品と同時に、ついで買い、併せ買いを狙って別の商品も併せてセールスすることです。

- ハンバーガーと一緒にポテトはいかがですか？（マクドナルド）
- お料理と一緒にデザートはいかがでしょうか？（レストラン）
- この商品を購入したお客様は他にこんな商品も買っています。（Amazon）

このように、クロスセル商品は私たちの生活するシーンにも数多く登場します。基本的にクロスセルはフロントエンド商品と親和性の高い商品を同時にオファーするため、ユーザーのついで買い、併せ買いを誘発して売上を上乗せすることができます。

- フロントエンド商品と一緒に購入すると効果が増したり、欠点が補完される商品を用意する
- フロントエンド商品の価格を大幅に上回らないようにする（フロントエンド 1,000 円の商品に 10,000 円の商品は NG）

　クロスセル商品を考える際は、あくまで「ユーザーのメリットになるものをついで買いさせる」狙いで用意しましょう。

　また、クロスセルを出すタイミングはお客様がフロントエンド商品を購入した直後（サンクスページ内など）が最適です。一度お金を払ったタイミングだと、さらに追加でお金を払うことに抵抗感が薄れているからです。

アップセル（より価格が高い上位商品への移行を促す）

▼ アップセル（up sell）

この商品 A を買います！

商品 B だと保証期間が長くなるのですが、こちらはどうですか？

1万円
フロントエンド
商品 A

1.5万円
アップセル
商品 B

単価UP!!

ユーザー　　　　　　　　　　　　　　　　　　　　　　　　　　販売主

無料のオプトイン商品やフロントエンド商品より
価格の高い上位商品への移行を促す**セールス**

　アップセルとは、無料のオプトイン商品やフロントエンド商品より価格の高い上位商品への移行を促すセールスとなります。

- こちらの商品の方が、保証期間が長くなりおすすめです！（家電量販店）
- こちらのコースでしたら、さらにこんなサービスも受けられます（エステなど）
- 有料プランでは、無料プランにはない便利な機能が使えます！（IT サービス）

　このように、アップセルは商品を検討しているユーザーや、すでに購入を決めているユーザーに対して、より高額な上位モデルの商品をセールスして売上を増やす方法となります。

　上位商品とは言っても、完全に別の商品にする必要はなく、フロントエンド商品のサポート期間を延長するとか、サービス内容を一部追加するといった方法でも十分です。

　アップセル商品をオファーするタイミングは、クロスセルと同じく購入直後が最適ですが、一度フロントエンド商品を使ってもらって、価値を十分に感じてもらった頃に再度オファーし直すというケースもよく見られます。

ダウンセル（価格の低い商品をセールスする）

▼ ダウンセル（down sell）

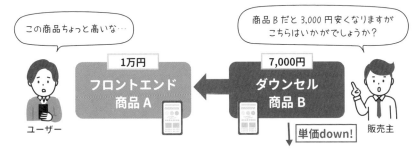

**フロントエンド商品よりも価格の低い商品をセールスして
取りこぼしを減らすことでより多くのユーザーを購入者に変える**

　ダウンセルとは、フロントエンド商品よりも価格の低い商品をセールスすることです。

　どんなに素晴らしくて魅力的な商品やサービスでも、100人にオファーしたとして、その全員が購入するわけではありません。

　成約率が10%で100人にオファーした際、残りの90人のユーザーは商品を購入しません。その9割のユーザーを全員見捨ててしまうというのは、実にもったいないことです。

　そこで、登場するのがダウンセルと呼ばれる、フロントエンド商品よりも手に取りやすく、似たような商品を安価でセールスする手法となります。

- コンテンツを最低限に絞ったプランを用意する（オンライン講座）
- サブスク型で低価格帯のコースやサービスを用意する（健康食品販売）
- 一部の機能を制限したダウングレード版を用意する（ソフトウェア）

こういったダウンセル商品をオファーすると、価格を理由に最初のフロントエンド商品に手を出せなかったユーザーが、そちらに興味を示して購入してくれる場合があります。

　ダウンセル商品は、1つ目の商品価格が高いほど有効であり、取りこぼしを減らすことによってさらに多くのユーザーを購入者に変えることができます。

　ちなみに、ダウンセルを行う上での注意点として、以下のものが挙げられます。

- 事前にダウンセル商品の存在はユーザーに匂わせない
- あくまで商品が高くて買えなかったユーザーへの救済措置として提案する

　このように、クロスセル・アップセル・ダウンセルは常に私たちの身の回りで行われている販売手法です。

　これらの考え方をLP制作にも取り入れることによって、様々な集客販売の仕組みを作り上げることができるので、必ず押さえておきましょう。

8 顧客が生涯でいくらの価値を生み出すか測るLTV

前節で解説したクロスセル・アップセル・ダウンセルといった手法をLP制作に取り入れる最大の目的は、顧客単価を上げるためです。そこで顧客単価について考える際の重要概念であるLTVについて今一度整理しましょう。

LTV (Life Time Value) ＝顧客生涯価値とは？

▼ LTV (Life Time Value) ＝顧客生涯価値

企業目線	顧客目線
一人の顧客が一生涯に生み出してくれる利益合計額	一生涯に企業側が提供してくれる価値の総量

　LTVとは、Life Time Valueの略称で日本語では、顧客生涯価値と呼ばれています。

　具体的に説明すると、LTVとは企業目線において「1人の顧客が一生涯に生み出してくれる利益合計額」をいい、顧客目線では「一生涯に企業側が提供してくれる価値の総量」を指します。

　LTVの計算方法はビジネスモデルによって異なりますが、一般的には以下の計算式で算出されます。

▼ LTV（Life Time Value）の一般的な計算式

平均顧客単価 × 利益率 × 購買頻度（回数）× 継続期間 ＝ LTV

顧客1人当たり　顧客1人当たり　顧客1人当たり　顧客1人当たり
どのくらいの単価か？　どのくらいの利益か？　購買頻度は？　どのくらい継続するか？

例 平均顧客単価 40 万 × 利益率 50％ × 購買頻度 0.5 回／月 × 継続期間 5 年 ＝ 600 万円
（＝6 回／年）

※LTVには上記のような定量的な側面と、顧客満足」や顧客ロイヤリティ（信頼・愛着）など
定性的な側面があるため、すべての要素を数値では把握できないことに注意する

例えば、平均顧客単価40万、利益率50％、購買頻度0.5回／月（＝6回／年）、継続期間5年の場合、LTV は40万円×50％×6回×5年＝600万円となります。

LTVを高める方法とは？

LTVを高める方法は、主に以下の6つが考えられます。

▼ LTVを高める方法

① 平均顧客単価 を上げる	② 利益率 を引き上げる	③ 購買頻度（回数） を引き上げる
④ 継続期間 を伸ばす	⑤ 顧客維持コスト を下げる	⑥ 顧客ロイヤルティ を上げる

※固定費を下げる

LP制作を通じて、LTVを高めると言った場合、①平均顧客単価、②利益率、③購買頻度（回数）、④継続期間のいずれかを上げていくという意味になります。
そして、この中でも高めやすい要素が、①平均顧客単価、③購買頻度（回数）の2つとなります。

▼ LPマーケティングを通じて狙うLTVの向上

要するに、オプトイン・フロントエンド・バックエンドといった仕組みや、前節で学んだクロスセル・アップセル・ダウンセルといった販売ノウハウは、この2つを直接的に高めて全体のLTVを向上するための代表的な手法だったというわけです。

DRMの本質でも解説しましたが、私たちがLP制作を通じて実現すべきなのは、自社と顧客の両方がWin-Winの関係になることです。

例えば、現在LTVを高める一般的な方法として会員プログラムや会員アプリ、サブスクなどといったものが挙げられます。

それらが本当にユーザーにとって魅力的なサービスなのか、単に無理にユーザーを囲い込むことに終始してしまっていないか、改めて見直す必要があるでしょう。

LPをマーケティング戦略上の仕組みとして機能させよう

本章では、LPを企業のマーケティング活動における広告・販売促進の1つとして位置づけ、そのプロモーションを効率的に行う手法として、マーケティング・ファネルを通じたDRMの実践方法をお伝えしてきました。

結局のところ、ビジネスにおいて売上と利益を増やす方法は、以下の2つしかありません。

▼ ビジネスで売上と利益を増やす方法は基本的に2つ

❶ 入口を設計して客数を増やす！

DRMの考え方に基づいて
計画的に構築したマーケティング・ファネルに
流入するユーザーの数を増やす

❷ 内部と出口を設計してLTVを上げる！

ファネル内に流入した
ユーザーの①平均顧客単価と
③購買頻度（回数）を上げる

LP制作を通じてこの2つを狙っていくのが
LPマーケティングの基本的な考え方!!

つまり「私たちがなぜLPを作るのか？」と言えば、マーケティング上において、客数を増やすもしくは、LTVを高めるという2点に集約されることとなります。

それでは、次章からは実際にそのような全体構造の中で、歯車として機能するLPをどのように作り上げていけば良いのかについて、まずはLPのライティングから学んでいくことにしましょう。

第4章

商品の魅力を伝える
LPライティング

LPライティングについて、LPに必ず掲載すべき基本情報やユーザーの心理法則を紹介します。また、ライティングフレームワークを使った書き方や、エリアごとの書き方についても、実践的に解説していきます。

1 ｜ LPライティングとは何か？

本章からはLPに掲載する文章作成方法について解説していきます。
まず、ユーザーをコンバージョンに導くための文字情報編集スキルであるLP
ライティングの概要から説明を始めていきましょう。

LPライティングとコピーライティングの違いは？

LPライティングとは？

　LPライティングとは、LPに訪問したユーザーに対して、こちらが定義したコンバージョンを最終的に達成してもらうための文章術全般のことを指します。

　ブログやオウンドメディアのようにWeb系のライティングノウハウには様々な種類がありますが、LPライティングには広告宣伝や販売促進の目的で使われるコピーライティングの要素が多く含まれているのが大きな特徴です。

コピーライティングとは？

　コピーライティングとは、特定のユーザーに商品やサービスの魅力やメリットをわかりやすく伝え、登録や購入といった行動（＝コンバージョン）へと意図的に誘導するオファーやセールスのために書かれる文章です。

　コピーライティングの歴史自体は古く、これまでカタログやチラシ、DMなどの紙媒体でも広く使われてきたライティング手法のひとつです。

　そこで、本章ではコピーライティングの知見を土台にしつつ、LP制作で使いやすい形に整理しながら、ユーザーを的確にコンバージョンへと導くための効果的なライティングスキルを学んでいくことにしましょう。

LPを通じてユーザーが商品を購入するメカニズムとは？

　具体的なLPライティングの話を進める前に、改めてユーザーがLPを通じて商品を購入するメカニズムについて確認しておきましょう。

　LPに掲載された情報を通じてユーザーが何らかの購買行動を行う際、そのユーザーの頭の中には以下のような方程式が成立しています。

> ユーザーにとっての価値＞過剰に見積もったリスク ＝ 購入（コンバージョン）

　要するに、LP上でコンバージョンが発生する場面では、その行為を通じてユーザーの受け取る価値全体が、それらを受け取る上で発生する様々なリスクを必ず上回っているというわけです。

ユーザーにとっての価値とは情緒的価値である

　重要なポイントとして、ここでいう価値というのは、必ずしも商品そのものの価値（＝機能的価値）ではなく、あくまで"ユーザーにとって"の価値（＝情緒的価値）であることです。

　いくら商品の機能的な価値が高かったとしても、ユーザーがその価値を認識できていなければ、猫に小判、豚に真珠といった状態になり、意味がありません。

　ゆえに、私たちがLPライティングで最も重点を置くべきなのは、商品の機能的価値を高めることではなく、その商品を通じてユーザーが感じる情緒的価値を高めることに尽きます。

過剰に見積もったリスクとは？

　ユーザーは、基本的に得よりも損を嫌う傾向（損失回避性）があるため、LP上での行動によって、生じるリスクを過剰に多く見積もってしまうケースもあります。

　いくら「登録者全員無料プレゼント！」とアピールしても、それを受け取るまでの個人情報の提供にリスクを感じてしまえば、そのまま離脱してしまうでしょう。

　一般的に**ユーザーが感じるリスク**は、大きく分けて金銭的・機能的・肉体的・社会的・心理的の5種類があります。

　LPライティングを考える際には、これらのリスクをどうすれば効果的に減らすことができるのか、徹底的に意識することが大切です。

LPライティングの目的は、価値を高めてリスクを減らすこと

　私たちがLPライティングにおいて、最終的に目指すゴールは、以下の2点に集約されるということをまず最初に押さえておきましょう。

> **ゴール❶** …ユーザーにとって情緒的価値を高めることができている
> **ゴール❷** … ユーザーが過剰に見積もったリスクを減らすことができている

　この2点を意識していないLPの原稿や構成のままでは、その後どれだけ綺麗で美しいデザインを施したとしても、狙ったような成果は出せないので注意が必要です。

　本書で解説する手法を含め、世の中では様々な種類のWebライティングに関するテクニックやノウハウが紹介されていますが、基本的にどんな方法でも最終的にこの2つのゴールを達成するために使われるということを認識しておくことは、LPライティングの本質を理解する上での第一歩です。

▼ 価値とリスクの関係

LPライティング

コピーライティングの知見が土台となるLPに特化したライティング技術

→

LPライティングの最大の目的は、
商品やサービスを検討するユーザーに対して

価値を高めてリスクを減らすこと

LPの構成や文章を通じてこの目的を
実現するための方法がLPライティング

限定セール
9,800円

今月の給料は?
自分の肌に合う?
他の商品がいい?

これを買って
後悔なし!
とてもいいわ!

高

上げる

ユーザーにとっての価値 ＞ **下げる** **過剰に見積もったリスク** ＝ **購入（コンバージョン）**

1.機能的価値

商品自体が兼ね備えている機能やスペック
品質、有益性、実績などの価値

2.情緒的価値（★重要）

ユーザー自身が商品に感じる主観的かつ
感情的な価値。いわゆる好き嫌い

3.自己実現的価値

「自分の人生を彩り豊かにするために
本当に必要か?」という基準で生じる価値

1.金銭的リスク

「商品にお金を支払うことによって経済的
に損をしないか?」という点に感じるリスク

2.機能的リスク

「商品自体が使えそうか?自分に合わなかった
らどうしよう」という点に感じるリスク

3.肉体的リスク

「簡単に商品を使えるか?労力やエネル
ギーは必要か?」という点に感じるリスク

4.社会的リスク

「その商品を買って使うことで周囲からどう
思われるか?」という点に感じるリスク

5.心理的リスク

「何となくイヤ。生理的に受け付けない」
という感覚を本人が感じてしまうリスク

世の中の様々な種類のWebライティン
グに関するテクニックやノウハウは、
どんな方法でも最終的に、ユーザーの感
じる価値を高め、過剰に見積もったリス
クを減らすために使われる

第4章

2 必須の４つの基本情報 （商品・価格・体験・会社）

> LPライティングの質を高める上で、重要なのはLPに掲載する情報をしっかり集めることです。商品やサービスに関する基本情報が揃っていない限り、どんな文章テクニックを駆使したところで意味がありません。そこで今回はLP制作に欠かせない４つの情報について学んでいきましょう。

LP制作に絶対欠かせない４つの情報とは？

　LPライティングを考える上で、**最初に用意すべきはLPに掲載する基本情報で**す。

　どれだけ優れたライティングテクニックを駆使しても、必要な情報自体が手元になければ、中身がスカスカな胡散臭いLPができあがるだけです。

　例えば、反応率を上げるキャッチコピーの書き方や、クリック率の高い表現集といったノウハウは世の中にたくさんありますが、そうした類のテクニックは適切な情報がLPに掲載されているからこそ効果を発揮するのであって、ユーザーに提供する情報が少ない状態で使っても単に離脱率が増えるだけです。

　そこで、まずは**LPに絶対欠かせない４つの情報**について確認していきましょう。

▼ 売れるランディングページに欠かせない４つの情報

商品情報	オファーする商品やサービスの特徴やメリットなどの情報
価格情報	商品やサービスの価格やキャンペーンに関する情報
体験情報	購入者の口コミやレビューなど客観的な視点からの情報
会社情報	特商法や会社概要など販売者に関する具体的な情報

商品情報 オファーする商品やサービスの特徴やメリットなどの情報

1つ目が、LPで販売する商品やサービスに関する商品情報です。

例えば、商品名やサービス内容など、商材に関する最も基礎的な情報を指します。これらの情報は売り手にとっては地味で当たり前のものに感じるため、無意識のうちに情報不足になっているケースもよく見られます。

商品情報が不十分だと、LPを通じたセールスが成立しなくなるため、できる限り商品情報は集めて、整理しておくようにしましょう。

▼ ビジネス別の主な商品情報

ビジネス名	主な項目
物販系ビジネス	商品名・成分内容・商品パッケージ・開発秘話・購入方法…etc.
店舗系ビジネス	店舗名・サービス内容・スタッフ情報・アクセス方法・予約方法・連絡先情報…etc.
教育系ビジネス	企画名・目次・カリキュラム・講師プロフィール・開催日時…etc.

 価格情報 商品やサービスの価格やキャンペーンに関する情報

2つ目が、LPで販売する商品やサービスに関する価格情報です。

例えば、料金プランや見積もり、相場など、ユーザーが商品やサービスを検討する上で、判断材料となる価格に関する情報を指します。

LPに訪問するユーザーは、価格をひとつの基準にして競合他社と比較検討を行うため、価格情報が掲載されていないというだけで、選択肢の土俵に乗り損ねるリスクもあるので注意が必要です。

業界や商品のジャンルによって、あらかじめLP上で価格を表示するか、または見積もりで後から価格を提示するのかはケースバイケースとなりますが、掲載していない場合でも資料請求や問い合わせフォームなどで、ユーザーが価格の相場を把握できる方法を記載しておくと良いでしょう。

第4章

▼ ビジネス別の主な価格情報

ビジネス名	主な項目
物販系ビジネス	通常価格・キャンペーン価格・定期購入価格・追加購入価格・単品価格…etc.
店舗系ビジネス	初回特別料金・料金プラン・回数券料金・レンタル料金・キャンセル料金…etc.
教育系ビジネス	参加費・販売価格・期間限定価格・会員専用価格・既存参加者用価格…etc.

【LPに欠かせない基本情報③】 体験情報

 体験情報 購入者の口コミやレビューなど客観的な視点からの情報

3つ目が、LPで販売する商品やサービスに関するユーザーの体験情報です。

お客様の声やメディア掲載、施工事例、担当実績など、売り手側ではなく第三者からの視点や意見についてまとめられた情報となります。

LPを閲覧するユーザーは、基本的に売り手の書いている内容をそのまま信用することはありません。

あくまで第三者からの評価やレビューを通じて、徐々に商品やサービスに対する信頼度をアップしていきます。

そのため、ビジネスの立ち上げ当初でお客様の声を用意できない場合でも、アンケートやモニター募集を実施するなど、できる限り商品やサービスに関する体験情報を集めるように工夫してみましょう。

▼ ビジネス別の主な体験情報

ビジネス名	主な項目
物販系ビジネス	お客様の声・モニターの声・アンケート結果・Amazonレビュー・Instagramシェア・TV＆雑誌メディア掲載…etc.
店舗系ビジネス	お客様の声・アンケート結果・Googleマップのレビュー・TV＆雑誌掲載実績…etc.
教育系ビジネス	お客様の声・アンケートの記入・インタビュー動画…etc.

LPに欠かせない基本情報④ 会社情報

会社情報 特商法や会社概要など販売者に関する具体的な情報

　4つ目が、LP上で商品やサービスを販売している販売者に関する情報となります。会社情報やプライバシーポリシー、特商法といった、販売者が正しく実在している根拠を示すための情報です。

　当たり前ですが、どんなに商品やサービスが魅力的だったとしても、その会社がきちんと実在している組織でない限り、最終的にユーザーからの信用を得ることはできません。

　誰でも、当然のようにインターネットで何かを買う時代なので、つい後回しになってしまう情報でもありますが、ユーザーは会社情報を見て信頼に足りるかどうかを判断しているケースも意外と多いです。

　また、プライバシーポリシーや特商法に関しても、販売する商材に合わせて正しく情報を掲載していないと、後にユーザーとトラブルになる可能性もあります。事前に、必要最低限の会社情報を用意しておきましょう。

▼ ビジネス別の主な会社情報

ビジネス名	主な項目
物販系ビジネス	決済方法・商品発送方法・会社概要・プライバシーポリシー・お届けまでの流れ・特商法…etc.
店舗系ビジネス	店舗情報・代表者名・決済方法・プライバシーポリシー・特商法…etc.
教育系ビジネス	プライバシーポリシー・特商法・会社概要…etc.

3 | ユーザーの心理を考える OATH（オース）の法則

LPに掲載する4つの基本情報を集めたら、次はOATHの法則を通じてそれらの情報をどんな心理状態のユーザーに対して、届けるのかを明確にしていきましょう。
LP全体の構成や長さ、表現方法、切り口の方向性を定めることができます。

▌OATHの法則とは？

LPの最適な構成・長さ・表現方法を考える上で便利な **OATHの法則**

O	Oblivious（無知）
A	Apathetic（無関心）
T	Thinking（考えている）
H	Hurting（渇望している）

OATHの法則とは、
顧客が抱える問題意識を
4つのレベルに分類して
それぞれの頭文字を取ったもの

※OATHには、誓い・宣誓といった意味がある

　OATHの法則とは、ユーザーが抱える問題意識を4つのレベルに分類したもので、以下のようにそれぞれのレベルの頭文字を取ったものです。

❶ Oblivious（無知）…自分が抱える問題を意識していない状態
❷ Apathetic（無関心）…問題に気がついているが解決する意志がない
❸ Thinking （考えている）…自分の問題について解決策を考えている
❹ Hurting 　（渇望している）…今すぐにでも問題を解決したいと願っている

集めた情報を元にLPライティングを考えていく上で、まずこのOATHの法則を徹底的に意識すると、実際に作成するLPの適切な構成や長さ、表現方法や切り口などを明確に定めていくことが可能となります。

どのステージのユーザーを狙うかで、見せるLPは異なる

▼ 誰に届けたいのかでLPの内容は変わる

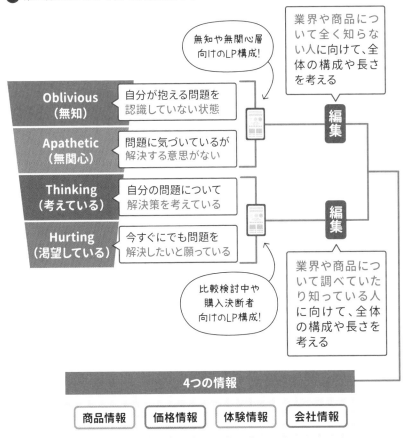

想定するターゲットの意識レベルによって
LP全体の最適な構成・長さ・表現方法は異なる。
誰に届けたいのかを常に意識しながら情報を編集していこう

効果的なLPライティングを生み出す上で必ず意識すべきなのは、LPに訪問するユーザーがどのレベルの心理状態なのかによって、彼らに見せるべき最適なLPは異なるという点です。

例えば、自社の商品について全く無知なユーザー（=Oblivious）に対して、いきなり買ってくださいとアピールしているLPでは、売り込み感が強くなるため反応率は下がるでしょう。

逆に、すでに商品の購入を決断しているユーザー（=Hurting）に対して、再度延々と同じような商品説明を繰り返すLPでは、せっかく乗り気になっているのにも関わらず、無駄なストレスを与えてしまいます。

要するに、LPライティングの最適解というのは、各ユーザーの心理状況によって変わってくるため、こう書けば必ず全員に売れる文章というものは、基本的に存在しないといえます。

OATHの法則を意識することでLP全体の訴求力をUPしよう

LPライティングを生み出すための秘訣とは、OATHの法則を徹底的に意識しつつ、最初に集めた4つの情報をメインターゲットの心理状態に合わせて編集すること、になります。

そのため、これから自分たちが作るLPが、果たしてどのような心理状態に置かれているユーザーに見せるものなのか、制作を始める前に共通認識を持っておかなければいけません。

ユーザーの心理レベルを無視したLPライティングでは、見栄えは良くても響かないキャッチコピーや冗長な説明、回りくどいセールスといった訴求力低下を招くため、失敗する確率は非常に高くなるでしょう。

4 ライティングフレームワーク QUEST

4つの基本情報をOATHの法則を意識して編集する、とは言っても手当たり
次第に編集作業をしたところで、時間が足りなくなるばかりです。
そこで、効率的に情報を編集する上で、ひとつの足がかりとなる重要なフレ
ームワークQUESTを紹介していきます。

第4章

4つの基本情報をライティングフレームワークに流し込もう

▼ ライティングフレームワークに情報を流し込む

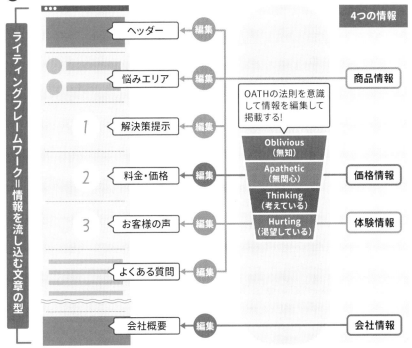

109

4つの基本情報を集め、OATHの法則に基づいてどの心理状態のユーザーにそれらの情報を届けるのかを決めたら、LP本体の文章を書いていくことになります。

　ここで何となく集めた情報を元に文章を書き始めたところで、LPライティングの経験が少ない場合、短時間で完成度の高い構成や原稿を書き上げることはほぼ不可能に近いでしょう。

　そこで、初めてLPライティングに取り組む方にもオススメなのが、代表的なライティングフレームワークに集めた4つの情報を流し込んでいく方法です。

┃ 代表的なライティングフレームワークを知っておこう

　代表的なライティングフレームワークとしては、例えばAIDMA や AISAS、PASONA、QUEST といったものが挙げられます。

　これらのフレームワークは、どちらかと言うとライティングというよりもユーザーの購買行動プロセスを示しているものです。

　少なくとも、インターネットが登場する前から使われているAIDMAや、ネット社会になってから登場したAISASといった概念は、今後LP制作に携わるのであればぜひこの機会に押さえておきましょう。

▼ ライティングの代表的な4つのフレームワーク

AIDMA（アイドマ）	AISAS（アイサス）
Attention（注意） 消費者の注意を引く	**Attention（注意）** オンライン上で消費者の注意を引く
Interest（関心） 興味や関心を喚起する	**Interest（関心）** 興味や関心を喚起する
Desire（欲望） 商品やサービスに対する欲求を高める	**Search（検索）** 商品についてオンラインで情報を検索する
Memory（記憶） 商品ブランドを記憶に留める	**Action（行動）** 実際に購買や行動に移す
Action（行動） 実際に購入や行動に移す	**Share（共有）** 商品を使った感想、体験をブログやSNSなどに共有

PASONA（パソナ）	QUEST（クエスト）
Problem（問題） ユーザーが抱えている悩みや欲求を提起	**Qualify（約束）** あなたの問題を解決すると宣言する
▼	▼
Affinity（親近感） 問題の中身を掘り下げて共感し親近感を誘う	**Understand（理解）** あなたの問題について理解・共感する
▼	▼
Solution（解決策） 問題を解決できる具体的方法を提示する	**Educate（教育）** 商品がいかにあなたの助けになるかを説明する
▼	▼
Narrowing Down（絞込） 限定期間を絞り込み、今すぐ購買すべき理由を示す	**Stimulate（興奮・刺激）** 興奮させて、想像させて、欲求を煽る
▼	▼
Action（行動） 行動してもらうように呼びかける	**Transition（行動）** 購入を決意するあなたの背中を押す

AIDMA は、広告を記憶してもらうことに重点をおいています。

AIDMA の法則は、アメリカのサミュエル・ローランド・ホールが提唱しました。電話もほとんど普及していなかった1920年代に、ひと目みた広告をまずは記憶してもらうことに重きをおいた購買プロセスのフレームワークです。

AISAS は、インターネットの購買行動に重点をおいたフレームワークです。

ネットの普及により、消費者が能動的な検索（Search）と共有（Share）を行うようになったことを反映したフレームワークで、2005年6月に電通が商標登録した用語です。

PASONA は、親近感による共感を最重視しています。

問題提起を起点にユーザーの共感を誘い、解決策の提示やていねいな行動の促進を経て、ユーザーを購買に結びつける一連の動きです。著名なマーケターである神田昌典氏が1999年に提唱しました。

QUEST は、セールスレターの定番法則としてよく使われています。

マイケル・フォーティン氏が考案したWebページやセールスレターで、読者を惹き付けて成約に結びつける法則です。

LP を制作する際に、最も便利で初心者が扱いやすい基本的な法則のひとつです。

LP制作で最も汎用性の高いフレームワークQUEST

4つの代表的なフレームワークは、作成するLPのテーマやターゲット、流入経路に合わせて使い分けていくことが一般的な方法となっています。

今まであまりLP制作に関わった経験が少ないのであれば、LPライティングにおいて一番汎用性の高いQUESTを採用することをおすすめします。

▼ QUEST

- ☑ マイケル・フォーティン氏が考案した Webページやセールスレターで、読者を惹きつけて成約に結びつける法則

- ☑ ターゲットを絞り込み、理解・共感し、解決策を伝え、興奮させて、行動に移してもらう

- ☑ LPを制作する際に最も便利で初心者が扱いやすい基本的な法則のひとつ

Qualify（約束） あなたの悩みを解決することを宣言する
Understand（理解） あなたの問題について理解・共感する
Educate（教育） 商品がいかにあなたの手助けになるか説明する
Stimulate（興奮・刺激） 興奮させて、想像させて、欲求を煽る
Transition（行動） 購入を決意するあなたの背中を押す

なぜならQUSETは、購買に至る人間の意識の変化に沿った流れになっており、また他のAIDMAやPASONAといったフレームワークよりも、コピーライティングに特化した概念であるため、LP制作の現場で、商品やサービスを認知させるケースから、実際に販売するケースまで幅広く対応できるフレームワークだからです。

QUESTの基本的な順序

QUESTでは、次のような流れに沿って、LP内の文章が展開していきます。

❶ Qualify：ターゲットを設定する（あなたの問題を解決すると宣言する）
　↓
❷ Understand：理解、共感する（あなたの問題について理解・共感する）
　↓
❸ Educate：教育する（いかにあなたの助けになるかを説明する）
　↓
❹ Stimulate：興奮させる（あなたにとってのベネフィットを押していく）
　↓
❺ Transition：行動させる（購入を決意するあなたの背中を押す）

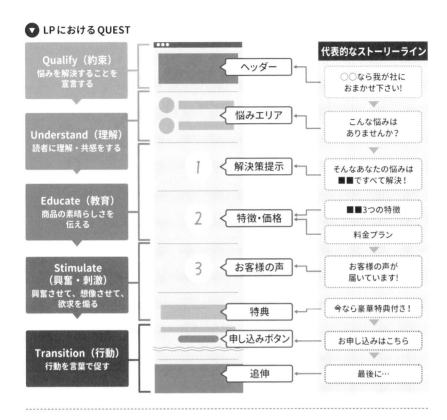

▼ LPにおけるQUEST

Qualify（約束）
悩みを解決することを
宣言する

Understand（理解）
読者に理解・共感をする

Educate（教育）
商品の素晴らしさを
伝える

**Stimulate
（興奮・刺激）**
興奮させて、想像させて、
欲求を煽る

Transition（行動）
行動を言葉で促す

代表的なストーリーライン

ヘッダー	○○なら我が社に おまかせ下さい！
悩みエリア	こんな悩みは ありませんか？
解決策提示	そんなあなたの悩みは ■■ですべて解決！
特徴・価格	■■3つの特徴 / 料金プラン
お客様の声	お客様の声が 届いています！
特典	今なら豪華特典付き！
申し込みボタン	お申し込みはこちら
追伸	最後に…

*1 *2 *3*

　上記のようなQUESTの流れに沿って文章を書いていくことで、最終的にユーザーを意図したコンバージョンに導く流れを生み出せるというわけです。

　ゆえに、LPライティングにおいては、まずこのQUSETを徹底的に使いこなせるようになることを目指してください。

　その上で案件ごとにテーマや業界・業種ごとに他のフレームワークを順次使い分けていくといった流れで学ぶのが、最も効率的な上達方法といえるでしょう。

5 | LPライティングで 大切になる3つのnot

4つの基本情報を効率的に編集できるフレームワークQUESTを学びましたが、LPライティングを実践するにあたって、もうひとつだけ確認しておきたい重要なテーマがあります。それは3つのnot（読まない・信じない・行動しない）という概念です。

LPライティングに必要不可欠な概念3つのnotとは？

3つのnotとは、LPに訪問するユーザーは基本的に読まない、信じない、行動しないという状態からスタートすることが大前提だというコピーライティングにおける重要概念です。

つまり、LPに訪問したユーザーの頭の中には、

> ❶ そもそも読まない＝ not read の壁
> ❷ 読んでも内容を信じない =not believe の壁
> ❸ 内容を信じても行動に移さない =not act の壁

という3つの高い壁が立ちはだかっています。

私たちは様々なLPライティングのスキルを駆使しながら、ユーザーにこれらの壁を確実に乗り越えてもらい、最終的にコンバージョンを達成してもらわなければいけないというわけです。

これら3つの壁を乗り越えるポイントについて、ひとつずつ確認していきましょう。

❶ not read の壁（そもそも読まない）

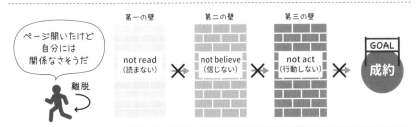

ユーザーが何らかの商材がセールスされた LP を訪問した場合、
そもそも読まないということが第一の壁となる。
ファーストビューの設計（第一印象）が特に重要と言われる理由はここにある

　1つ目は、not read（読まない）の壁です。

　ページを開いた時の第一印象で、ユーザーが読むに値しないと判断して離脱した場合、その離脱した箇所以降にどれだけ素晴らしい内容が書いてあっても、そのLPからコンバージョンが発生することは絶対にありません。

　LPにおいてファーストビューが重要だと言われているのは、このnot readの壁を超えるために必要不可欠だからです。

　いかに最初の数秒間でユーザーにこのページは読む価値があると感じてもらえるかが、そのLPの成否を分けます。

❷ not believe の壁（読んでも信じない）

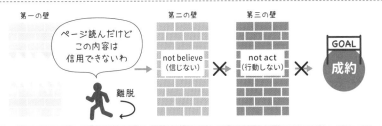

ユーザーが最初の段階で離脱せず、ページを読み進めてくれた場合、
次に問題となるのが、内容を信じてくれないという第二の壁である。
ビフォーアフターやお客様の声、実績などがこの壁を突破する鍵となる

２つ目は、not believe（信じない）の壁です。

もしうまくユーザーにLPの続きを読んでもらえたとしても、実際に書かれている内容を信じてくれないという新たな問題が発生します。

基本的にユーザーはLPを通じて、何らかの商品やサービスを検討する際、信用度に関してはマイナスからスタート（＝過剰にリスクを見積もる）のが一般的です。

LPの情報を信じないユーザーは、確実に離脱します。

例えば、実績や事例、お客様の声などリアルなコンテンツを有効活用して、ユーザーの不信感を減らす工夫をするなど、LPライティングのスキルをフル稼働させLPの情報を信用してもらうようにする必要があります。

❸ not actの壁（信じても行動しない）

ユーザーが商材の特徴やメリットを理解し、興味関心を示した場合、
最後に立ちはだかるのが、購入などの行動を起こさないという第三の壁である。
特典や期間限定キャンペーンなどで背中を押す工夫をしよう

３つ目は、not act（行動しない）の壁です。

仮にユーザーがLPを最後まで読み進めて、そこに書かれている内容を信じたとしても、最後に待っているのが行動しないという問題です。

ユーザーにとって価値が高まっている状態だとしても、その価値を受け取るための金銭的・肉体的なリスクのほうが未だに大きく感じるため、最後の最後で足踏みしている心理状態だともいえます。

この行動しない壁を突破してもらうためには、特典や期間限定キャンペーンなどのコンテンツでユーザーの背中を押す工夫が必要となります。

可能なかぎりユーザーが感じるリスクを減らして、最後の壁を乗り越えてもらいましょう。

補足 not openの壁（ページ自体を開かない）

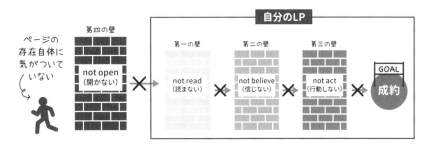

**3つのnotはあくまでも"訪問してくれたユーザー"に対する考え方だが、
情報過多の時代において、そもそもページを開かないという4つ目の壁もある。
適切な広告運用やSNSでの情報発信などで工夫する必要がある**

　さらに、4つ目のnot open（ページ自体を開かない）の壁についても補足しておきましょう。

　現在の情報過多の時代においては、そもそもLPにユーザーが訪問しないというnot openの壁が存在しています。

　悲しいことに、そもそもURLをクリックしてページを開いてもらわない限り、どれだけ質の高いLPを用意しても全ては水の泡です。

　このnot openの壁を乗り越える代表的な方法は、広告運用やSNSでの情報発信となります。

　この時代において、LPはただ作るだけでは全く意味がなく、ユーザーにどうやって訪問してもらうのか、知恵を絞って考えなければなりません。

　広告運用については6章で扱います。

6 ｜ LPライティングの全体像を 改めて整理しよう

ここまで学んできた4つの基本情報やOATHの法則、QUEST、3つのnotといった基本知識を整理しながら、改めてLPライティングの全体像を体系的に整理していきましょう。

■ LPライティングの全体像を改めて整理しよう

ここまで、4つの基本情報やOATHの法則、QUEST、3つのnotというLPライティングの基本項目について解説してきました。

さらに、ここから細かなテクニックやノウハウを紹介する前に、一度LPライティングの全体像を整理しておきましょう。

まず、ここまで学んできた内容をひと目でわかるようにしたのが、右記の設計図です。

右図で示したように、成果の出るLPライティングを考える際は、ただ闇雲に文章を書いていくのではなく、一定のルールに基づいた全体像（＝設計図）に、自分の集めた情報を流し込みながら、実際に届けたいユーザーに最適な文章を書いていくことが最も効率の良い方法となります。

■ 具体的なLPライティングの編集術を学んでいこう

LPライティングの全体像を把握した後は、さらに具体的なLPの文章や構成に関するテクニックやノウハウを学んでいくことで、様々な業界業種やテーマに対応できる再現性の高いLPライティングスキルを身につけることが可能となります。

● LPライティングの全体像 (設計図)

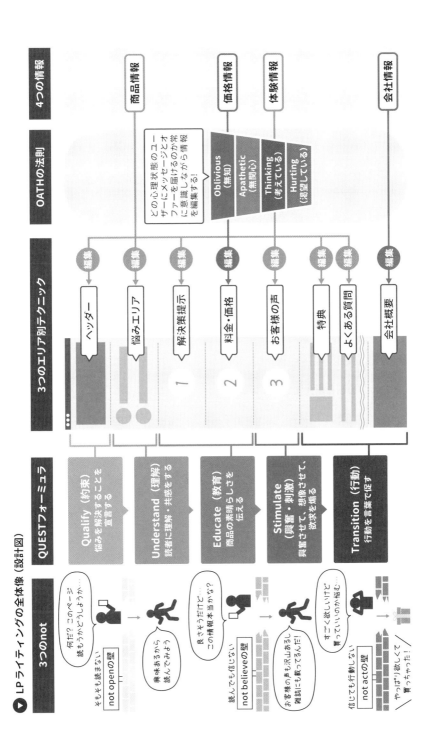

しかし、いくら普遍的な法則やフレームワークを意識したところで、集めてきた情報を単にQUESTの形式に流し込むだけでは、正直どれも同じような文章になってしまい、競合他社との差別化が次第に難しくなっていきます。

そこで実際に集めた情報を編集して具体的な文章に落とし込む際は、LP全体を3つのエリアに分けて考えていくことを本書では推奨します。

LP本体の文章は、3つのエリアからできている

LPライティングで文章を考える際は、以下の3つのエリアに分けて考えていくことが基本路線となります。

エリア❶　ヘッドコピー
Qualifyでターゲットを設定する（not readの壁を超えることが目的）

エリア❷　サブヘッド＆ボディ＆ブレット
Understandで理解・共感する＆Educateで解決策を示す
（not beliveの壁を超えることが目的）

エリア❸　CTA（オファー）
Stimulateを強力にする＆Transitionで行動させる
（not actの壁を超えることが目的）

LPをヘッドエリアやボディエリア、CTAエリアという3つのエリアに分け、それぞれのエリアにおいて重要となるポイントを押さえながら文章を記述していくことで、LPライティングをより強力なものに仕上げていくことが可能になるというわけです。

実際にLPの文章を考える際は、上から順番にひとつずつ書いていくのではなく、「1.ヘッドコピー」→「2.サブヘッド」→「3.CTA」→「4.ボディ」→「5.ブレット」の順で進めていくと、全体の流れを随時整理しながら最も効率的に書くことができるのでおすすめです。

それでは、次からは各エリアの文章を書いていく上で役立つ、様々なテクニックやポイントを詳しく紹介していきましょう。

▼ LP ライティングの3つのエリアと重要事項

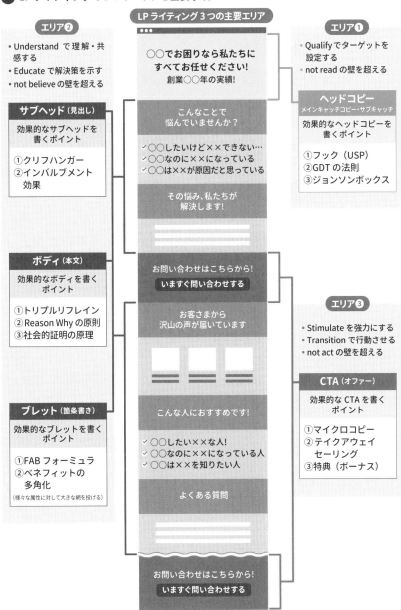

LP ライティング3つの主要エリア

エリア②
- Understand で理解・共感する
- Educate で解決策を示す
- not believe の壁を超える

サブヘッド（見出し）

効果的なサブヘッドを書くポイント

①クリフハンガー
②インバルブメント効果

ボディ（本文）

効果的なボディを書くポイント

①トリプルリフレイン
②Reason Why の原則
③社会的証明の原理

ブレット（箇条書き）

効果的なブレットを書くポイント

①FAB フォーミュラ
②ベネフィットの多角化
(様々な属性に対して大きな網を投げる)

○○でお困りなら私たちにすべてお任せください！
創業○○年の実績！

こんなことで悩んでいませんか？

✓ ○○したいけど××できない…
✓ ○○なのに××になっている
✓ ○○は××が原因だと思っている

その悩み、私たちが解決します！

お問い合わせはこちらから！
いますぐ問い合わせする

お客さまから沢山の声が届いています

こんな人におすすめです！

✓ ○○したい××な人！
✓ ○○なのに××になっている人
✓ ○○は××を知りたい人

よくある質問

お問い合わせはこちらから！
いますぐ問い合わせする

エリア①
- Qualifyでターゲットを設定する
- not read の壁を超える

ヘッドコピー
メインキャッチコピー・サブキャッチ

効果的なヘッドコピーを書くポイント

①フック（USP）
②GDT の法則
③ジョンソンボックス

エリア③
- Stimulate を強力にする
- Transition で行動させる
- not act の壁を超える

CTA（オファー）

効果的な CTA を書くポイント

①マイクロコピー
②テイクアウェイセーリング
③特典（ボーナス）

7 │ 効果的なヘッドコピーを 作るための３つのポイント

ここからは、LPを３つのエリアに分けて、各エリアの文章を考える上で重要なポイントを解説していきます。まずは、効果的なヘッドコピーを考えるための視点を紹介していきましょう。

▌not readの壁を確実に超えるヘッドコピーを考えよう

▼ **エリア❶ ヘッドコピーについての重要ポイント**

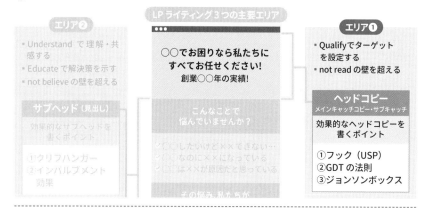

LPライティングにおいてヘッドコピーの部分は、ユーザーに対して約束や宣言を行い、not readの壁を超えてもらうための最重要エリアになります。

このエリア最大の目的は、**ユーザーに続きを読んでもらうことです。**

ネット上に無数の情報が流通している現代において、LPに訪問したユーザーをいかに注目させ、自分事として認識してもらい、続きを読んでもらえるかどうかは、ヘッドコピーが握っています。

そこで、どのような視点や切り口でユーザーの興味関心を引く強力なヘッドコピーを作れば良いのか、３つのポイントを紹介します。

効果的なヘッドコピーを作るためのポイント① フックを用意する

▼ **フックの3つの方法**

フック＝ユーザーの注意を引きつけて、LP内に引きこむための要素

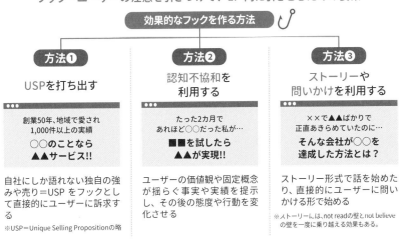

効果的なフックを作る方法

方法①

USPを打ち出す

> 創業50年、地域で愛され
> 1,000件以上の実績
> **○○のことなら**
> **▲▲サービス!!**

自社にしか語れない独自の強みや売り＝USP をフックとして直接的にユーザーに訴求する

※USP＝Unique Selling Propositionの略

方法②

認知不協和を
利用する

> たった2カ月で
> あれほど○○だった私が…
> **■■を試したら**
> **▲▲が実現!!**

ユーザーの価値観や固定概念が揺らぐ事実や実績を提示し、その後の態度や行動を変化させる

方法③

ストーリーや
問いかけを利用する

> ××で▲▲ばかりで
> 正直あきらめていたのに…
> **そんな会社が○○を**
> **達成した方法とは？**

ストーリー形式で話を始めたり、直接的にユーザーに問いかける形で始める

※ストーリーには、not readの壁とnot believe
の壁を一度に乗り越える効果もある。

　1つ目は、ヘッドコピー内にフックを組み込む方法です。

　フックとは、ユーザーの注意を引き付けて、LP内に引き込むための要素のことです。効果的なフックをLPの冒頭部分で用意しておくことで、ユーザーの反応率が高まります。

　効果的なフックを作る方法には様々なアプローチがありますが、以下代表的なものを挙げてみます。

❶USP (ユニークセーリングプロポジション) を打ち出す

　「○○件の実績と信頼！」「○○できるのは▲▲だけです！」といったように、自社にしか語れない独自の強みや売り（＝USP）をフックとして直接的にユーザーに訴求する方法です。具体的な数字や統計データなどを掲載してユーザーの興味を引くパターンも多く見られます。

❷認知不協和を利用する

　認知不協和とは心理学の概念を応用したもので、簡単に言ってしまえば、ヘッドコピーの内容を通じて、「マジかよ！？」とユーザーの価値観が揺らぐ事実を提示して、その後の態度や行動を変化させる方法です。

例えば「たった2ヶ月で〇〇kg減！」といったダイエット系の商材などに最もよく見られる手法です。

❸ストーリーや問いかけを利用する

ヘッドコピー内で商材に関するストーリーを語ったり、直接的にユーザーに問いかけたりすることも効果的なフックを作る上で効果的です。例えば、かつて流行った「うわっ…私の年収、低すぎ…？」というキャッチコピーは、そこから様々なストーリーを連想させる秀逸なフックが含まれていると言えます。

効果的なヘッドコピーを作るためのポイント❷ GDTの法則に沿って考える

▼ GDTの法則で読み手の感情を刺激する

GDTの法則＝Goal（目標）・Desire（欲望）・Teaser（本性）の
3要素で読み手の感情を刺激する手法

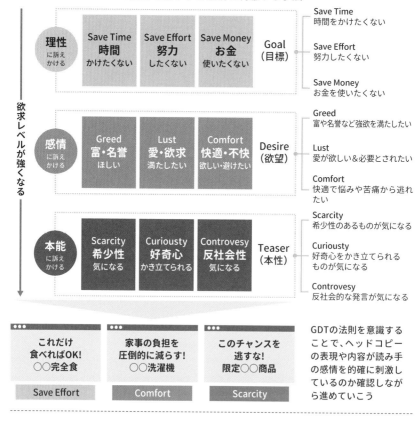

GDTの法則を意識することで、ヘッドコピーの表現や内容が読み手の感情を的確に刺激しているのか確認しながら進めていこう

2つ目は、GDTの法則の要素をヘッドコピーに盛り込むという方法です。

GDTの法則とは、Goal（目標）・Desire（欲望）・Teaser（本性）の頭文字を取ったもので、読み手の感情を刺激することを狙って用いられます。

Goal（目標） ‥‥ 時間やお金をかけずに楽をして物事を達成したい性質
　　　　　　　　例 ただ聞き流すだけで英語が話せるようになる！

Desire（欲望） ‥‥ 多少時間やお金をかけても、安心や快適さを求める性質
　　　　　　　　例 もしものとき、入っててよかったこの保険

Teaser（本性） ‥‥ 希少性の高いものや好奇心をくすぐるものに弱い性質
　　　　　　　　例 あと3日。購入できる最後のチャンスです

要するに、上記のような人間の本質的な心理に注目しながら、ヘッドコピーを考えることが、GDTの法則を活用したフックの作り方となります。

ファーストビューのキャッチフレーズや文言を考える際は、できる限りこのGDTの法則に沿って、的確に読み手の感情を刺激できるものなのか吟味すると良いでしょう。もちろん煽りや動揺させるほどのやり過ぎは禁物です。

効果的なヘッドコピーを作るためのポイント❸
タグラインやジョンソンボックスで補足説明を行う

▼ **タグラインとジョンソンボックスの役割と具体例**

メインのキャッチコピー以外にも、タグライン（＝サブキャッチ）や
ジョンソンボックスで、補足説明を行うことでより正確にメッセージを伝えよう

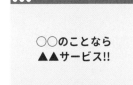

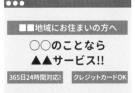

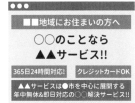

キャッチコピーだけでは、十分な情報が伝わらない

そこで タグライン（＝サブキャッチ）で具体的なターゲットや強みを追加するとよりヘッドコピーの訴求力が高まる

さらに ジョンソンボックス と呼ばれる LP 全体を要約した文章を加えることで読み手側のスムーズな理解を促せる

※ジョンソンボックス（Johnson Box）とは、本来メールの本文の上部に配置される短い文章または要約のことを指す。LPにおいても、読者の注意を引き、メッセージ全体を読むように促すことを目的として利用される

３つ目は、タグライン（＝サブキャッチ）やジョンソンボックスを活用してヘッドコピーに対する補足説明を行う方法です。

　ヘッドコピーエリアでは、メインとなるキャッチフレーズ以外にも、商材に関する補足や追加説明などを記載する**タグライン（＝サブキャッチ）**を付け加えることで、ユーザーの興味関心を引き付ける効果が期待できます。

　また、ジョンソンボックス（Johnson Box）と呼ばれる、LP全体の内容に関する要約や重要なメッセージを配置して読者の注意を引いたり、全体の内容理解を促進させる文章を追加する手法も、ヘッドコピーの訴求力を底上げするために覚えておくと良いでしょう。

　以上、ヘッドコピーを強力にする方法は他にも色々とありますが、どんなテクニックや手法も、**最終的にnot readの壁を超えてもらうことが最大の目的**です。

　そのため、今回紹介したフックやGDTの法則、タグラインなどを用いることでヘッドコピーの訴求力を見込めるものの、逆にヘッド内に掲載する情報量が増え過ぎて、ユーザーを混乱させることのないようにバランスを見極める必要が出てきます。

　その丁度よいバランス感覚を身につけるためにも、LP制作の様々な事例に触れ、目に見えない隠された狙いや本質部分を常に考察する癖をつけておくことは、今後効果的なヘッドコピーを生み出すスキルを身につける上でとても大切になります。

8 効果的なサブヘッドを作る 2つのポイント

ヘッドコピーが書けたら、次はLPのサブヘッド（見出し）を書いていくことになります。サブヘッドを考える上での最大のポイントは、サブヘッドを読むだけで全体の内容が把握できる状態を目指すことです。

サブヘッドはLP全体の構成を貫く"背骨"

▼ サブヘッドの役割は？

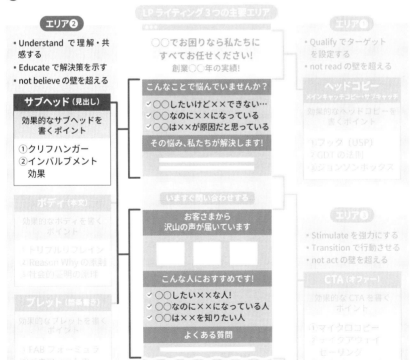

LPライティング3つの主要エリア

エリア❷
- Understand で理解・共感する
- Educate で解決策を示す
- not believe の壁を超える

サブヘッド（見出し）

効果的なサブヘッドを書くポイント

①クリフハンガー
②インバルブメント効果

○○でお困りなら私たちにすべてお任せください！
創業○○年の実績！

こんなことで悩んでいませんか？
✓ ○○したいけど××できない…
✓ ○○なのに××になっている
✓ ○○は××が原因だと思っている

その悩み、私たちが解決します！

いますぐ問い合わせする

お客さまから沢山の声が届いています

こんな人におすすめです！
✓ ○○したい××な人！
✓ ○○なのに××になっている人
✓ ○○は××を知りたい人

よくある質問

エリア❶
- Qualify でターゲットを設定する
- not read の壁を超える

ヘッドコピー
メインキャッチコピー＋サブヘッド

効果的なヘッドコピーを書くポイント

1.フック（USP）
2.GDTの法則
3.ジョンソン・ボックス

エリア❸
- Stimulate を強力にする
- Transition で行動させる
- not act の壁を超える

CTA（オファー）

効果的なCTAを書くポイント

1.マイクロコピー
2.テイクアウェイ・セーリング

ボディ（本文）

効果的なボディを書くポイント

1.トリプルリフレイン
2.Reason Why の原則
3.社会的証明の原理

ブレット（箇条書き）

効果的なブレットを書くポイント

1.FAB フォーミュラ
2.ベネフィットの

サブヘッドとは、LPを読み進めていく中で登場する大見出しのことです。

ヘッドコピーがLP全体をつかさどる頭脳だとすると、サブヘッドはそこから下に向かって伸びる背骨のようなものと例えることができます。

ヘッドコピーで興味関心を持ってもらった後は、LPを読み始めたユーザーの心を掴む効果的なサブヘッドを配置し続けることで、**最終的な読了率を高めることが**可能となります。

そこで、効果的なサブヘッドを生み出していく方法について、基本的な考え方が２つありますのでそちらを解説していきましょう。

クリフハンガー（cliffhanger）とは、主に映画やドラマ、小説の世界で頻繁に用いられる視聴者や読者の興味を引きつける手法のひとつです。

例えば、「男が崖につかまっている」といった緊迫感あふれるシーンで、一旦話を終わらせることで、見ている側に「**続きが気になる！**」と思わせるテクニックなどがその代表例です。

効果的なサブヘッドを作るポイント① クリフハンガーストラテジー

▼ **続きが気になって読んでしまうクリフハンガーストラテジー**

次回、この男の
運命やいかに…

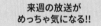

来週の放送が
めっちゃ気になる!!

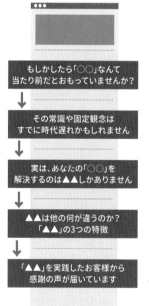

もしかしたら「○○」なんて
当たり前だとおもっていませんか？

↓

その常識や固定観念は
すでに時代遅れかもしれません

↓

実は、あなたの「○○」を
解決するのは▲▲しかありません

↓

▲▲は他の何が違うのか？
「▲▲」の3つの特徴

↓

「▲▲」を実践したお客様から
感謝の声が届いています

クリフハンガーストラテジー

（CliffhangerStrategy）

＝

LPのサブヘッド（見出し）の
文言や表現を
クリフハンガーを意識して
設置することで
つい続きが気になって
読んでしまう
状態を生み出すこと

※クリフハンガーの設置間隔は1スクロールに1ブロックが分量の目安となる

※サブヘッド（クリフハンガー）を読むだけでLP全体の内容が理解できたり、各ブロックの要点が掴めるようにすると良い

サブヘッドが
次への掴みとなって
続きを読んでもらう
イメージ!!

そこで、LPライティングにもこのクリフハンガーの考え方を取り入れ、サブヘッド全体を、ユーザーの興味や好奇心を引き出して読了させるための装置として文言や表現を考えていくという方法は、効果的なサブヘッドを生み出すためのヒントとなります。

ちなみに、このサブヘッドを起点にしながらユーザーにLPを読了してもらう戦略を**クリフハンガーストラテジー**と呼びます。この戦略を徹底的に突き詰めることで、LP全体の読了率は確実に向上するので、時間を取って考えてみましょう。

効果的なサブヘッドを作るポイント❷ インボルブメント効果

▼ 自分が参加中の行動に関心が高くなるインボルブメント効果

実はそのポイ活
損しています…！

なになに？
その方法すごく気になる！

悩んでいませんか？

つまり…

実は、○○なんです
その理由は〜だから

その方法については
▲▲に書いてますが…

え!?安すぎる
そう思いませんか？

インボルブメント効果を活用した
サブヘッド作成テクニック

❶ ユーザーに直接問いかける

人間の脳の問いかけられると考えるという性質を狙ったテクニック。問いかけることで、考える→参加させることができる。サブヘッドで積極的に問いかけてユーザーを巻き込んでみよう

❷ 間を活用して予想させる

意図的に「間」を生み出して、相手にその先を想像させるようにして巻き込むテクニック。例えば、接続詞を独立させて目立たせる方法は、バケットブリゲードと呼ばれ、読者を次の文章まで引き寄せる効果が期待できる

❸ 結論→理由の順番で書く

一般的な文章術PREP法を用いて、「結論→理由→具体例→結論」の順番で書くことで内容を理解させながら巻き込んでいくテクニック

❹ 購入した前提で話を進める

商品やサービスを購入した前提で話を進めることで、自然と気になって欲しくなる気持ちを利用して巻き込んでいくテクニック

❺ 相手の心情や思考を先読み

サブヘッド上でユーザーの気持ちや考えを直接代弁することで、共感してもらい参加意識を高めて巻き込んでいくテクニック

インボルブメント効果とは、人は自分自身が参加している物事に対して強い愛着を持つという効果のことです。

例えば、世の中の事例で見ると、特定のアイドルを応援する推し活や、特定のポイントを貯めるポイ活といった行為は、まさにこのインボルブメント効果がもたらす心理状況と言えます。

そこで、このインボルブメント効果を活用して、以下の5つのテクニックでサブヘッドを考えていくことで、LPで紹介されている商材に対するユーザーの関与度を高めることができるため、最終的なコンバージョンに至る可能性が広がります。

インボルブメント効果をサブヘッドで活用するテクニック

❶ **ユーザーに問いかけて直接的に巻き込んでいく**

❷ **ユーザーに間を与えて次の展開を考えさせて巻き込んでいく**

❸ **ユーザーに対して結論→理由の順番で情報を与えて巻き込んでいく**

❹ **ユーザーがすでに商品を購入している前提で話を進めて巻き込んでいく**

❺ **ユーザーが思いつきそうなセリフや気持ちをあらかじめ代弁しておく**

どのような文章表現が適切なのかは、LPで扱う商材のテーマによって異なりますが、ただなんとなく他のLPと同じような文言にするのではなく、このような明確な意図を持ちながらサブヘッドの文言を考えることはとても大切です。

クリフハンガーやインボルブメント効果などのポイントを押さえながら、サブヘッドの表現をひとつずつ変えていくことで、よりユーザーの印象や記憶に残りやすいLPライティングを作り上げることができます。

サブヘッドをありきたりな見出しで終わらせず、ぜひ商材の特徴やメリットに合わせて魅力が伝わるように工夫を凝らしていきましょう。

9 ボディに説得力を持たせる 3つのポイント

ヘッドコピーとサブヘッドを用意したら、いよいよボディ部分（＝文章）を書いていくことになります。そこで、実際にLPのボディ部分を書く上で重要となるポイントを3つに絞って解説します。

┃ どうすれば、LPの文章全体に説得力が生まれるのか？

▼ 効果的なボディを書くポイント

ヘッドコピーとサブヘッドを書き終えたら、いよいよ文章全体（＝ボディ部分）を書いていきますが、ここで1点注意しなければいけないことがあります。

それは、LPに訪問したユーザーの気持ちを全く考慮せずに、**自分の伝えたいメッセージだけを一方的に書いてしまうと非常に残念な結果になる**ということです。

ヘッドコピーやサブヘッドを通読してせっかく興味をもってくれたユーザーが、いざじっくりとボディ部分の文章を読んだ時に、がっかりされてしまっては元も子もありません。

LPライティング最大の目的は、あくまでユーザーをコンバージョンに導くことな

ので、ヘッドコピーやサブヘッドだけではなく、さらに細かな文章部分もその道のりを適切に誘導するものでなければいけません。

そこで、どのような方法でLPのボディ部分に説得力を持たせればいいのか、以下の3つのポイントを解説します。

ボディ部分の説得力を高めるポイント①　トリプルリフレインの法則

▼ 同じメッセージを3回繰り返すトリプルリフレイン

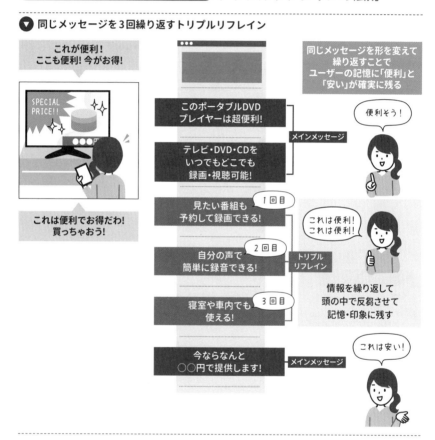

1つ目は、トリプルリフレインの法則を活用して文章を書いていく方法です。

トリプルリフレインの法則とは、同じメッセージを形を変えて3回繰り返すというものです。これはLP制作に限らず、テレビショッピングなどでも頻繁に用いられている鉄板のテクニックです。

基本的に人間というのは、短時間で一度に大量の情報を記憶することはできません。そのため、人間は1つの事柄に対して1～2つの特徴を結びつけて記憶するこ

とがが多くなります。

　トリプルリフレインの法則を活用するには、どれだけ情報を与えてもユーザーの頭の中には1〜2つの記憶しか残らないので、その記憶に残す情報を事前に決めておこうという視点が重要です。

　例えば、「ダイソンは吸引力」といった表現は、まさにこの記憶のメカニズムを徹底的に有効活用している代表例でしょう。

　しかし、同じ表現ばかりだとユーザーに飽きられてしまうので、別の表現方法や言い換えを用いて伝えることで、意図的に商材の記憶を残してもらうように工夫してみましょう。

ボディ部分の説得力を高めるポイント❷ Reason Why の法則

▼ **主張と根拠・理由をセットにするReason Whyの法則**

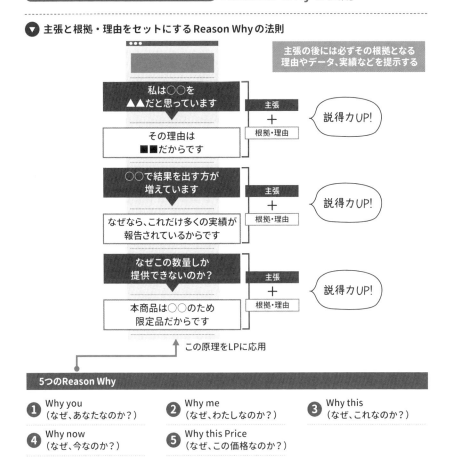

この原理をLPに応用

5つのReason Why

❶ Why you
（なぜ、あなたなのか？）

❷ Why me
（なぜ、わたしなのか？）

❸ Why this
（なぜ、これなのか？）

❹ Why now
（なぜ、今なのか？）

❺ Why this Price
（なぜ、この価格なのか？）

2つ目は、Reason Whyの法則を徹底的に意識して文章を書くことです。

Reason Whyの法則とは、主張の後には必ずその理由を書くルールのことです。

例えば、Reason Whyの法則を意識した最も簡単な書き方は以下になります。

> **主張** …私は〇〇と考えています。
> **理由** …なぜなら…だから。／その理由としては…です。

しかし、何度もこの書き方を繰り返すと、逆に読みにくくなるので注意が必要です。

自分たちがLPの中で最も伝えたい主張部分については、必ず理由をセットで述べることで、ユーザーに対する訴求力を高めることができます。

このReason Whyの法則を活用するにあたって、ひとつ覚えておきたいのは、まさにこの“Why”の部分こそがユーザーの信用度に大きく影響するという点です。

「〇〇で解決できる！」「〇〇にお任せください！」といった主張だけなら、どんな販売者でも言えますが、その理由や根拠が明確かつ説得力のあるものでない限り、ユーザーは魅力を感じてくれないので気をつけたいところです。

ボディ部分の説得力を高めるポイント❸ 社会的証明の原理

3つ目は、社会的証明の原理の要素を盛り込んでいく方法です。

社会的証明の原理とは、心理学の用語で、人間は少数派よりも多数派の意見を信じて行動してしまう傾向のことを指します。

例えば「行列のできているお店に並ぶ」「Amazonレビュー数の多い商品を買う」といった私たちの生活でよく見られる行為は、まさにこの社会的証明の原理に当てはまる事例と言えます。

LP制作の現場においても、お客様の声やデータ・表・グラフ、医師の推薦、SNSで話題！といったような表現を通じて、この社会的証明の原理は頻繁に活用されています。

そのため、こうしたコンテンツを考える際には、LPで紹介している商材が、いかに社会で多くの人々に支持されているのかについて証明するという意識で作成するとよいでしょう。

▼ 多数派の意見を信じて行動してしまう社会的証明の原理

今流行の
行列必至のラーメン屋!

なにこのお店!
めっちゃ行ってみたい!

Instagramや
TikTokで
話題沸騰中!

あの有名
インフルエンサー
○○も愛用!

全300商品中
なんと1位に
ランクイン!

社会的証明の原理が
生み出す主な行動を
ボディ部分の文章表現に
活かしていこう

❶ みんなと同じなら間違いない

人は多くの人が支持する行動や
意見を正しいと思い、それを模倣
する傾向がある。LP上に、SNSな
どで支持されている情報をよく
掲載する理由は、この社会的証明
を狙っているから

❷ 似ている人の真似をする

人は自分と似ている人の行動に
好意や親近感を抱きやすい。その
ため有名人などの行動や価値観
を真似しようとするケースも多
く、LP上でもよくこの切り口でア
ピールされる

❸ 一番人気のあるものが無難

現代のユーザーは選択疲れの状
態に悩んでいる。そのため、その
選択をする労力を省くような情
報を支持する傾向が高くなる

以上、ボディ部分を書いていくために大切な3つのポイントを紹介しました。

これらのポイントを意識しながらLP文章を書くのと、全く意識せずに書くのと
では、ボディ部分のみならず、LPライティング全体の完成度は大きく異なってき
ます。

商材の特長や魅力を的確に伝え、説得力を持たせるためにも、ぜひ、ひとつひと
つ意識しながら、丁寧に文章を書きあげていきましょう。

10 ブレットの訴求力を高める2つのポイント

ブレットとは、LPでよく見られる箇条書き形式の文章表現のことです。この一見シンプルなブレット部分に関しても、いくつかの重要ポイントを押さえて記述することで、ユーザーに対する訴求力を格段に高めることができるようになります。

LPライティングにおけるブレットとは？

▼ 箇条書き=ブレット

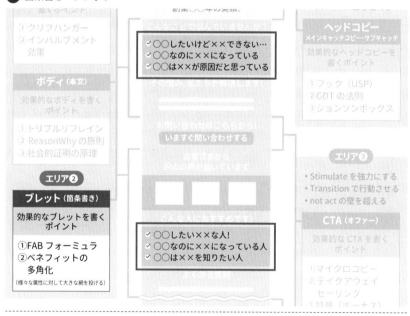

　ブレット（=Bullet）とは、LPにおいて箇条書きでシンプルに主張を並び立てていく表現方法のことを指します。

もともとブレットには英語で弾丸の意味があり、ダダダっと銃を打つように文章を記載していくことから、このような名前が付けられました。

このブレットを用いた文章表現は、例えば冒頭部分で「こんな悩みはありませんか？」と導入部分で使ったり、「こんな方におすすめです」といった商品紹介が終わった後に使うなど、LPの世界では非常によく見られます。

このブレットに関しては、あまりにもシンプルな表現方法であるがゆえに、適当に考えてしまいがちな傾向が強い箇所です。改めてどのような考え方に基づいてブレットを考えていけば良いか、意識すべき2つのポイントをお伝えします。

ブレットの訴求力を高めるポイント❶ FABフォーミュラ

1つ目は、FABフォーミュラを意識してブレットの内容を考えることです。

いくら箇条書きと言っても、何の考えもなくただ文章を羅列するだけでは、ユーザーの心には響きません。

▼ FABフォーミュラを使って、ビジネス英会話スクールのブレットを考えてみる

FABフォーミュラ		例：ビジネス英会話スクール
Features（機能・特徴）	商品やサービスの具体的な特徴や機能	①マンツーマンレッスン ②ネイティブスピーカーの講師陣 ③柔軟に変更可能な受講スケジュール
Advantages（利点）	その特徴や機能がもたらす利点（メリット）や優位性	①生徒一人ひとりに合わせた指導が可能 ②英語環境でも自然な使える英語を学べる ③忙しくても都合に合わせて受講可能
Benefits（利益）	ユーザーにとっての具体的なメリットや価値 ＋ 将来的にもたらされるプラスの未来像	①多人数形式よりも圧倒的にすぐ上達できる ②ネイティブ相手でも自分の英語に自信が持てる ③本業の仕事に影響しないので長く続けられる

ブレットの作成事例

☑ 社内会議で英語のプレゼンを任されたが自信が持てずに不安を感じている
☑ 海外視察でスムーズにコミュニケーションを取りたいが日常会話に自信がない
☑ 仕事が忙しく、通学する時間がないけれども英会話スキルを磨きたい
☑ 英語は簡単な挨拶程度はできるけどネイティブのように流暢に話す自信がない
☑ 国際的な環境で働く機会があるがビジネス英語が苦手で心配している

ブレットを考える際は、必ず想定ターゲットの立場に立って
ベネフィットの視点からアイデアを出そう！

FABフォーミュラとは、商品やサービスの特徴や強みを「Features（特徴）➡ Advantages（利点）➡ Benefits（利益）の3段階に分けて考えるフレームワーク」のことです。

例えば、ビジネスマン向けの英会話スクールのLPを作るとして、その際のFABフォーミュラは以下のように分けて考えることができます。

---

❶ Features（特徴）：**マンツーマンレッスンを実施**
   ↓
❷ Advantages（利点）：**生徒一人ひとりに合わせてレッスンをカスタマイズできる**
   ↓
❸ Benefits（利益）：**学習効果＆スピードが上がって自信を持って英語を話せるようになる！**

確実に押さえておきたいのは、一番最後のベネフィット（Benefits）という概念です。

どれだけ商品のFeatures（機能や特徴）やAdvantages（利点）が優れていても、それがユーザーのBenefits（利益）＝実現できる理想の未来につながっていない限り、その商品を購入してもらえる確率は格段に減ってしまうというわけです。

このベネフィット（Benefits）の概念に関しては、LP制作全体を通じても非常に重要な考え方なのですが、ブレット部分においてもユーザーが惹きつけられるベネフィットを余すところなく盛り込むという視点は意外と見落としがちなので注意したいところです。

ブレットの訴求力を高めるポイント❷ ベネフィットの多角化

2つ目は、ベネフィットを多角化することによって、より多くのユーザーの興味関心を引く形でブレットを書くというものです。

いくらベネフィットを盛り込もうとは言っても、業界内に競合他社が多い場合、なんとなくブレットの文章表現が被ってしまうケースが発生します。

とはいえ、あまりにも独特な言い回しなどをしてしまうと、逆にユーザーに対する訴求力が落ちてしまうことにもつながりかねません。

▼ ベネフィットの多角化を使って、Webライティング講座の応募ブレットを考える

例:Webライティング講座の募集用ブレット

ベネフィット多角化のヒント

Before

☑ 読者がついクリックしてしまうタイトルを考える秘訣とは?

After

☑ クリック率を0.43%→5.45%へと大きく改善してアクセス数が10倍になったタイトルの考え方とは?

① ターゲットが将来的に遭遇しそうな事例に対する具体的な解決策

実際の事例やケース、数値結果を盛込んでブレットを書くことで、よりターゲットに刺さりやすいベネフィットを提示することが可能になる

☑ 読者が心地よく最後まで読めるストーリー性やリズム感のある文章を書くポイントとは?

☑ なぜ村上春樹の小説や鬼滅の刃のストーリーは読者が飽きずに最後まで読み通せるのか?

② ターゲットやペルソナ設定から興味がありそうなキーワードを混ぜる

ユーザーが普段の日常で触れている話題やキーワードをブレットに盛込むことでベネフィットを多角化する。これによりさらに商材に対する興味関心を引き立てることができる

☑ 文章スキルが格段に向上する効果的なトレーニング方法とは?

☑ スポーツ業界のジャーナリストや映画のシナリオライターも実践する良い文章を書くための訓練方法とは?

③ 全く関係なさそうな業界からテーマや話題を持ってきて結びつける

関連性の低い業界の話を引っ張ってくることで、ユーザーに対するベネフィットを多角化し、商材の中身に興味を持ってもらう

ブレットはユーザーに対して
大きな網を投げて引っ掛けるというイメージで作る
できる限り多くのユーザーに興味をもってもらうように
内容や表現を工夫しよう

そこで、ひとつ効果的な方法として挙げられるのは、ブレットの文章内に一見全く異なる話題やテーマを持ってくるなどして、ベネフィットの多角化を狙うというものです。

例えば、Webライティングに関する講座を告知する際、LPのブレット部分に「SEO」や「Google」といった他のライバルがよく使う言葉ではなく、「シナリオライター」や「鬼滅の刃」といった一見Webライティングに関係なさそうなキーワードを入れたりすると、ユーザーの興味・関心を引き出すことができます。

もちろん、どんなベネフィットに価値を感じるのかは、各ユーザーごとによって全く異なります。

だからこそ、大きな網を投げて引っ掛ける感覚でブレットの文章を考え、ユーザーの感じる様々なベネフィットを拾い上げながら、最終的にコンバージョンを生み出すきっかけとなるように工夫を凝らしていきましょう。

11 | コンバージョン率を上げる CTAの作り方

本章で解説するLPライティングの最後として、CTA部分のライティングについて解説していきます。具体的には、どのような方法や視点で効果的なオファーを行うか？ という点に絞って解説していきましょう。

効果的なCTAのライティングを考えるポイントとは？

▼ LPライティング観点で見るCTAの目的

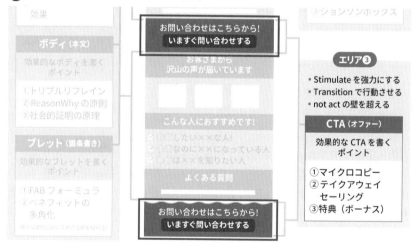

CTAエリアの具体的な役割については、第2章でも触れましたが、ここではLPライティングの観点から具体的にどのような内容を記述していくべきか、以下の3つのポイントに絞って解説していきます。

特に、CTAは申し込みや登録といったユーザーが実際にLPを通じて得た情報に基づいて、実行する最終的なアクションに直結していますので、少しの工夫でも成約率を大きく改善することが可能です。

効果的なCTAを作るポイント❶ マイクロコピーを工夫する

　まず、１つ目のマイクロコピーとは、CTA付近のボタンの文言や、その周辺の
に添える短い文字や文章のことを指します。

　例えば、資料請求フォームを設置する際は「送信する」というボタンではなく、
「今すぐ無料で試す」といった風に、より具体的で直接的なボタンの文言に変更し
たほうが、ユーザーの登録率が増えるというケースなども見られます。

▼ マイクロコピーの工夫例

マイクロコピーとは、ボタンや入力フォームなどの CTA周辺に添える短い文字や文章のこと

マイクロコピー改善の代表例

Before　　　　　　　　**After**

登録はこちらから

登録する ▶

30日間返金保証付き

今すぐ無料で登録

たった5分で登録完了！

マイクロコピーの目的は最終的な
コンバージョン率の向上。
ユーザーがアクションを起こした時、
スムーズに完結できるようにサポートする
意識を持とう

❶ 商材の価値や魅力を高める文言で、コンバージョンへの導線を強化する

特典や保証など、商材の価値や魅力を高める文言で、ユーザーの背中を後押しすることで、直接的にコンバージョンにつながるアクションを誘発させるようにする

❷ ボタンの文言にユーザーが行う具体的なアクションを入れて誘導する

商材のオファー内容（購入・登録・予約・お問い合わせ）などに合わせて、ボタンの文言を細かく工夫することで、ユーザーに直接的なアクションを促せるように工夫する

❸ ユーザーの肉体的・精神的・時間的な負担を軽減する文言を入れる

❶にも共通するが、ユーザーの感じる様々なリスクを極力減らすための文言を追加することで、アクションのハードルが低くなるように工夫する

　また、ボタンの近くに「期間限定○月○日まで」や「お一人様〇〇個まで」といっ
た限定性・希少性のあるメッセージを添えることで、よりユーザーの反応率を高め
るテクニックも有効とされています。

　あまりにもこのマイクロコピーを乱用してしまうと、単にユーザーを煽るだけの
訴求になってしまうので注意が必要です。使い方次第では、CTAにおけるオファ
ーの訴求力を高めることができるでしょう。

効果的なCTAを作るポイント② テイクアウェイセーリング

2つ目のテイクアウェイセーリング（Take Away Selling）とは、限定性や希少性をアピールすることで、ユーザーの購買意欲を刺激する手法で、マイクロコピーとも関連性の強い考え方となります。

基本的に人というのは、いつでもどこでも買えるものより、**限られた数量**しかなく、**限られた期間**にしか買えない商品に強く惹かれます。

例えば、化粧品や健康食品などのLPにおいて「先着○名様限定」「○○の条件を満たす方」といった方法で、ユーザーの購買行動を喚起するテクニックは、私たちの身の回りで常に行われている光景です。

▼ テイクアウェイセーリング

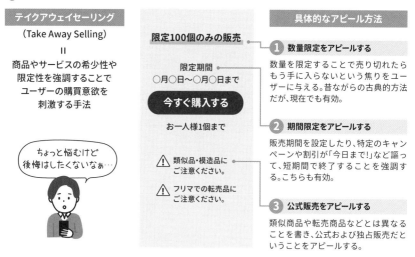

このテイクアウェイセーリングを活用してCTAのオファーを提示することは実に効果的です。

ただし、限定品をすぐ再販売したり、期日が過ぎても販売が続いているなどユーザーの信頼を失うような行為は絶対に避けましょう。

効果的なCTAを作るポイント❸ 特典 (ボーナス)

3つ目は、特典 (ボーナス) を追加することによって、CTAを通じたコンバージョン率を向上させる手法です。

こうしたメイン商品とは別に、ユーザーの背中を後押しするような追加特典を付ける手法自体は特に目新しいものではありませんが、何でも思いつくままに特典を付けるというのは得策ではありません。

▼ 特典を強調するマイクロコピーの工夫

特典 (ボーナス)

購入を検討するユーザーに
対して最後のひと押しを
行うために提供する
関連性の高いモノやコンテンツ

具体的な特典の例

○○プロテインの
購入はこちら

今すぐ購入する

今なら以下の
特典が付いています!

特典❶
届いた日からすぐに
始められる!
**オリジナルロゴ入り
シェーカー!**

特典❷
忙しい毎日でも
続けられる!
**購入者用
30分トレーニング動画**

特典❸
二人三脚で
理想の自分を目指す!
**対面マンツーマン
トレーニング付き!**

❶ **購入後にユーザーが抱える
困り事をすぐに解決できる
特典を用意する**

特典はユーザーに喜んでもらうことよりも、「困っていることを解決する」という視点でつけるのが基本的な考え方

❷ **販売主側の負担が少なく
かつユーザーに役立つ
特典を用意する**

特典を増やせば増やすほど販売主側の負担が増えてしまうのは本末転倒。できる限り販売者側の負担が増えない特典を考える

❸ **直接的にユーザーと関わる
特典を付けるのは
基本的に避ける**

商材によるが、ユーザーは販売側と深く付き合いたいと思っておらず、自分のペースで商品を使いたいため特典の内容には注意する

※付けたいなら別のサービスとしてバックエンドで売る

特典を追加する際のポイント

▶Yes ▶No

その特典は
提供時に販売主
の手間が
かかるか?

→ 特典ではなく
アフターサービス
として追加する
or
メイン商品に
組み込んで
価格変更

↓

その特典は
直接的に
購入者と関わる
サービスか?

↓

特典として追加する

特典をつける際には、次の点を意識することが大切なポイントです。

> ❶ **メイン商品と関連性があり、かつ購入後のユーザーの困り事を解決するものを特典にする**
> ❷ **販売主の負担ができる限り増えずに、かつユーザーの役に立つものを特典にする**
> ❸ **直接的にユーザーと関わる特典を安易に付けない。もし付けたいのであればアフターサービス（バックエンド商品）として付ける**

　コンバージョンばかりに意識を奪われて、ユーザーも自分もマイナスの結果しか生み出さない特典は付けないように十分注意しましょう。

　以上、長くなりましたが、LPライティングの重要法則、そしてそれらを実践していくための具体的なテクニックに関してまとめてきました。
　LPライティングにおいて最も重要なのは、こうした知識を土台にどんどんLPの文章を書きながら磨き上げていくトレーニングです。
　ネット上に散らばっている、どこかの誰かがうまくいった書き方や表現を表面的に真似するだけでは、ハリボテでスカスカなLPライティングしか生み出せません。
　本章で解説したLPライティングの原理原則を意識しながら、ユーザーの気持ちに寄り添った原稿や構成を用意できるように心がけていきましょう。

第5章

コンバージョンを増やす
ためのLPデザイン

LPデザインについて、レイアウト・デバイス・フォント・配色・写真画像素材・コーディングの6つのテーマで解説します。また、LP制作を依頼する際に知っておきたい制作パターンについても紹介します。

1 LPデザインとは何か？

LPマーケティング・LPライティングと学んできて、本章からはLPデザインについて知っておくべき重要なポイントを細かく解説していきます。具体的な話を始める前に、LPデザインの目的や役割について整理しておきましょう。

LPデザインとは何か？

あらかじめ確認しておきたいのは、本書だけでデザインという分野を完全に説明し切ることは実質不可能だということです。

そのため、今回説明するLPデザインというのは、あくまでもLPデザインを考える上で必要となるデザインの基礎知識や一般的な考え方という意味になります。

LPデザイン最大の目的はあくまで、**コンバージョンを獲得するためのデザインを計画的・意識的に作り上げること**です。その視点を決して忘れずにひとつひとつ学びを深めていきましょう。

▼ **LPデザインは、視覚情報によって目的を果たす手段**

LPの目的 ※詳しくは第2章
商品やサービスを検討するユーザーに対して
価値を高めてリスクを減らし
行動喚起（コンバージョン）してもらうこと

手段❶
ユーザーに
文字情報**を与える** → LPライティング ※第4章で解説

手段❷
ユーザーに
視覚情報**を与える** → LPデザイン

そもそもLPという媒体には、商材に対するユーザーにとっての価値を高め、リスクを減らし、特定のコンバージョンへと至らせるという大きな目的がありました。第4章のLPライティングは、その目的を構成や文章表現で達成する手段のひ

とつだったというわけです。

　一方、LPデザインはその文字情報に対して、さらに視覚情報をプラスしてコンバージョンを目指す手段と捉えることが、最初に理解すべき大切なポイントです。

　つまりLPデザインとは、LPに掲載されている文字情報をさらに見やすく・読みやすく・わかりやすく視覚情報としてまとめ上げるという作業に他なりません。

　そして、この見やすさや読みやすさ、わかりやすさというのは、デザインの専門分野においてそれぞれ視認性や判読性、可読性と呼ばれています。これらの要素に加え、コーディングを通じて実用性を徹底的に突き詰めていくことが、良いLPデザインを生み出す上での秘訣となってくるわけです。

▼ LPデザインの7割は、センスよりもルール

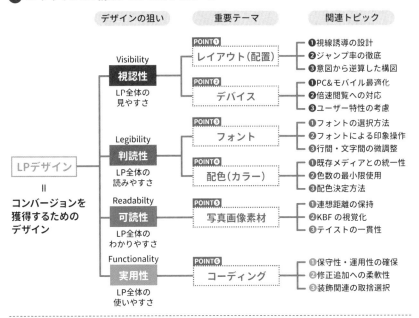

　本章では、この4つの要素を一定以上のレベルで実現するために必要な6つのデザインテーマについてひとつずつ解説をしていきます。

　結論から言うと、LPデザインの7割はセンスよりもルールです。

　世の中で失敗しているLPの大半は、ユーザーがページの内容を端的に理解できるデザインルール優先で作られたLPではありません。販売者や制作者によるユニークさやオリジナリティを優先した、デザインセンス優先のLPであることがほとんどだということを肝に銘じておきましょう。

2 見やすさを確保するための レイアウト

まずは、LPデザインの視認性を確保する上で大切な要素であるレイアウトについて最低限必要な知識を押さえていきましょう。

LPデザインの視認性を確保するためのレイアウトとは？

レイアウトとは、空間に、何を、どのように配置するか？というデザインの分野を代表する用語です。

例えば、部屋の模様替えから料理の盛り付け、都市設計まで私たちの日常生活のあらゆるシーンにおいて、レイアウトという行為は存在しています。

レイアウトを通じて、空間（キャンバス）に要素を配置することで、その空間内に意味が生じることになります。

LPデザインのレイアウトにおいても、その意味をコントロールしながら、ユーザーに伝えたい情報を確実に伝えることがとても重要です。

つまり、情報発信する販売主と、その情報を受け取るユーザーとの間に、想定外の食い違いが発生しないように配慮することが適切なLPデザインのレイアウトを考える上での前提となります。

そこで、どのようにLPデザインのレイアウトを考えれば、ユーザーに情報を正確に伝達できるのかについて、3つのポイントに分けて解説していきましょう。

ポイント❶ "視線誘導"を意図的に設計（＝情報接触順序を設計）

ユーザーにコンバージョンを達成してもらうためには、まずユーザーに対して商材に関する情報を適切な順序で提供しなければいけません。

そこでLPデザインのレイアウトで意識すべき1つ目のポイントは、"ユーザーの視線誘導を意図的に設計する"という点です。

▼ レイアウト＝空間に、なにを、どのように配置するか？

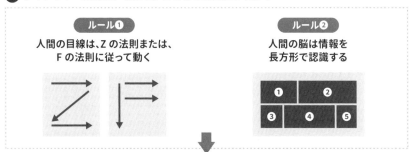

ルール❶

人間の目線は、Z の法則または、
F の法則に従って動く

ルール❷

人間の脳は情報を
長方形で認識する

上記の2つのポイントを意識したLPデザインレイアウトの事例

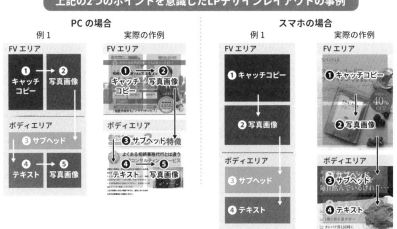

PC の場合

例1　　実際の作例

スマホの場合

例1　　実際の作例

**F の法則・Z の法則に沿って、長方形の固まりで情報を配置していくことで
視覚誘導（情報接触順序）を意図的に設計することができる**

　LPデザインは決して、アートのための観賞用作品ではありません。観賞用ではないということは、**ユーザーにデザインの意味を自由に解釈されてはいけない**ということです。

　ユーザーに勝手な解釈をさせず、思考の範囲を限定させるためには、**情報に接触する順番（＝情報接触順序）をこちら側でコントロール**することが効果的です。

　例えば、私自身がLPデザイン作成時に多用するのは**Zの法則・Fの法則**です。これは、人間の視線が基本的に画面の左上から右下に流れると同時に、情報の固まりを長方形で把握していく傾向が強いことを利用して、その視線の流れに沿ってレイアウトするというものです。特に、ファーストビューのレイアウトを考える際に便利なルールです。

ポイント❷ **"ジャンプ率"を徹底的に意識する**

2つ目のポイントとして、LPデザインでは購買決定に必要な情報をユーザーに短時間で取得してもらうために、ジャンプ率を徹底的に意識することが挙げられます。

ジャンプ率とは、キャッチコピーや見出しの文字サイズと本文の文字サイズの比率のことです。

▼ ジャンプ率＝文字サイズ（見出し・サブヘッド・本文）の比率

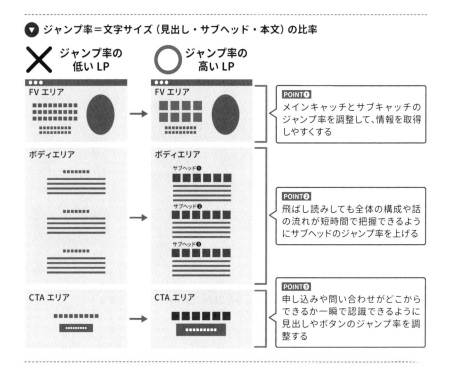

例えば、サブヘッド（見出し）のジャンプ率を高くすることによって、ページの上部から下部へと意図的に視線を誘導できることに加え、サブヘッドの内容を工夫して、仮にユーザーが飛ばし読みをしてもLP全体の概要を端的に伝えることもできます。

特に、LPは閲覧ユーザーのアクションを引き出すダイレクト広告の一種であるため、反応率を上げるためにも基本的にジャンプ率は高めに設定する必要があります。LPデザイン全体にインパクトや躍動感を生み出すためにも、ジャンプ率を調整する力は優先的に磨いておきたいところです。

ポイント❸ "最優先情報"から逆算した構図を考える

ただ、単にジャンプ率を高くして、キャッチコピーと見出しのサイズにメリハリをつければ、それだけで良いレイアウトを生み出せるわけではありません。

肝心なのは、**自分が一番伝えたい情報から逆算してジャンプ率を考えること**です。

▼ 最優先情報＝意図から逆算したレイアウト（構図）を考える

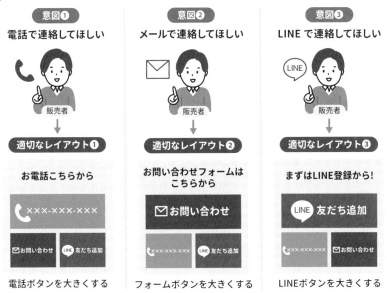

意図❶	意図❷	意図❸
電話で連絡してほしい	メールで連絡してほしい	LINEで連絡してほしい

適切なレイアウト❶	適切なレイアウト❷	適切なレイアウト❸
お電話こちらから	お問い合わせフォームはこちらから	まずはLINE登録から！
電話ボタンを大きくする	フォームボタンを大きくする	LINEボタンを大きくする

ジャンプ率で文字サイズや各要素（ボタンなど）にメリハリをつけると同時に
こちらの最優先情報＝意図から逆算して最適な配置を考えることが重要

例えば、ファーストビューエリアやCTAエリアのように、どの文言（キャッチコピー・商品名・サービス名・開催日時etc.）に対して、ジャンプ率を設定するのかによって、ユーザー側の情報の受け取り方は最終的に異なってきます。

あらかじめ最優先で伝えておきたい重要情報を決めて、ジャンプ率を考えていかないと、せっかくLPに目を通してくれたのにも関わらず、ユーザーに必要な情報が全く伝わらない事態になるので注意が必要です。

どのようなレイアウトを選択しても、LPデザインのレイアウトにおける目的は、**ユーザーに情報を意図した順序で正しく受け取ってもらう**以外にはありません。

ぜひ、ユーザーが理解しやすく反応率の高いレイアウトを生み出せるように試行錯誤を繰り返していきましょう。

3 多様化する デバイスの制約を考える

次はLPデザインについて、PC・タブレット・スマホ（モバイル）といったデバイスの観点から押さえておくべき重要な考え方や枠組みを学んでいきましょう。

LPデザインの視認性を確保するデバイスの留意点とは？

LPデザインを考える上で、切っても切れない関係がデバイスの制約です。

どんなに素晴らしいデザインでも、PCやスマホの画面に収まりきらず、ユーザーが見づらいと感じるのであればLPとして正しく機能することはありません。

改めて、LPデザインをデバイスの制約という観点から再考した上で、制作時に留意すべき点について3点確認しておきましょう。

ポイント❶ "3つの型"でPC＆スマホユーザーに最適化

多くのWebサイトと同様に、LPもレスポンシブウェブデザインとしてPC・タブレット・スマホに対応させることが必須です。

LP制作の場合は以下の3つのパターンから、予算や制作期間に応じて最適なデザインを選択することを推奨します。

❶PC＆スマホバランス型

1つ目は、PC＆スマホバランス型です。

PCでもスマホでも遜色なくデザインを閲覧できる、いわゆるレスポンシブウェブデザインで、あらかじめ設定したブレイクポイントを基準にレイアウトや文字サイズなどが自動的に変更されます。

メリットは、使える予算に上限があったり制作期間が限られている場合でも、効率的にPCユーザーとスマホユーザーの双方にアプローチできるデザインを用意できることです。

　一方で、デメリットは、PCでもスマホでもレイアウトの可変に柔軟に対応できるデザインを作成しなければいけないことです。豊富な予算やレベルの高いデザイナーが用意されていない限り、ユニークなデザインを施すことは難しく、全体的にシンプルで無難なデザインを選択せざるを得ない点が挙げられます。

❷スマホ特化型

　2つ目は、スマホ（モバイル）特化型です。

　こちらは完全にスマホユーザーにデザインを特化させ、PCでの閲覧に関してはそのままスマホの幅で閲覧させるタイプのLPです。

　近年ではPCで閲覧した際に、画面の3分の1にモバイル幅のLPが表示され、残りの3分の2に別の画像や背景画像を配置するデザインも増えています。

　メリットとしては、PCユーザーを配慮する必要がないため、スマホユーザーがメインの特定ジャンル（美容・健康食品etc.）に対して、デザインの訴求力を高めることが比較的実現しやすいことです。

　逆にデメリットは、やはりPCの横長ディスプレイで閲覧すると縦に長くなり読了までの時間がかかり、PCユーザーに関してはある程度見切りをつけなければいけない点です。

❸PC＆スマホ独立型

　3つ目は、PC＆スマホ独立型です。

　PCとスマホでそれぞれ異なるデザインを用意して、ユーザーの使用デバイス（＝ユーザーエージェント）によって表示させるページを切り替えます。

　そのため、各ユーザーの属性（年齢）や行動様式に合わせたデザインを作成できるのが最大のメリットとなります。

　ただ、デメリットとしては、必ず2つ以上のデザイン（場合によってはタブレットも）を用意しなければいけないため、他の型と比較して制作コストの増大や制作期間の長期化、修正の二度手間などがネックとなります。

▼ LPデザインの代表的な3つの型（パターン）

❶PC&スマホバランス型	❷スマホ（モバイル）特化型	❸PC&スマホ独立型

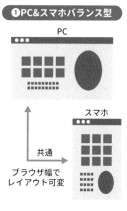

ブラウザ幅で
レイアウト可変

（レスポンシブWebデザイン）

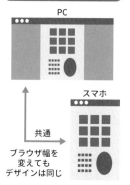

ブラウザ幅を
変えても
デザインは同じ

（PCは両側に余白）

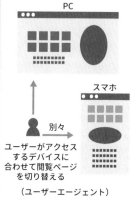

ユーザーがアクセス
するデバイスに
合わせて閲覧ページ
を切り替える

（ユーザーエージェント）

👍 メリット
- デザインがほぼ共通なので低予算・短期間での制作が可能となる
- コーディングデータが共通のため、後からの修正・追加作業に対応しやすい

👍 メリット
- 完全にスマホ特化できるため、特定分野のLP（美容系、健康食品系など）との相性がいい
- スマホでの閲覧に特化させつつ、PCでも縦長にはなるが読むことはできる

👍 メリット
- PCとスマホのデザインを完全に切り分けるためそれぞれ自由にデザインを考えられる
- PCユーザーとスマホユーザーに分けて運用、計測ができるため正確なデータを把握できる

👎 デメリット
- PCとスマホを両方意識しなければならず、デザインのアイデアや発想に制限が加わる
- スマホユーザーに特化するなど、特定のターゲットごとに最適化することが難しい

👎 デメリット
- PCでも閲覧することはできるが、それでもPCユーザーにとっては読みづらくなる

PCで閲覧する場合はカラムを端にずらして余白に画像や登録ボタン、フォームなどを設置するといった工夫をする例もある

👎 デメリット
- PCとスマホで別々のデザインを用意するため制作期間が長くなり予算も多く必要となる
- 修正や追加作業の際、PCとスマホのどちらも作業しなければならず手間がかかる

ポイント❷ 倍速閲覧＝タイパ志向に対して的確に対応する

　デバイスの観点からLPデザインを考える上で、現代人がどのように日々無数に流れてくる情報やコンテンツを消費しているのか想像を巡らせることはとても大切です。

　特に、現代人は映画やドラマといったストーリー性のあるコンテンツであっても、最初にネタバレを知ってから倍速視聴するといったレベルの極端なタイパ志向が強まっています。

これはLP制作の業界でも同様で、LPに訪問したユーザーはそのLPの情報が自分にメリットがあるのかを瞬間的に判断しています。そして、その判断を下すまでの時間がとても短くなっているというわけです。

▼ タイパを意識したLPの閲覧イメージ

倍速視聴	テレビや映画、ネット配信など、映像の元々の速度を変えて再生・視聴すること

↓ タイパ（タイムパフォーマンス）の高まりによって
　費やした時間に対する満足度の度合いが重視される傾向に

倍速閲覧	WEBサイトやランディングページなどを順番通りではなく飛ばし読みorランダムに閲覧すること

制作側の閲覧イメージ

実際のユーザーの閲覧イメージ

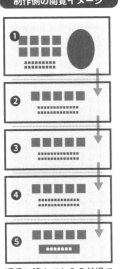

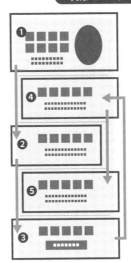

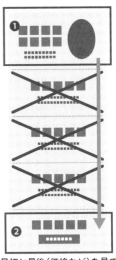

順番に読んでもらう前提で
デザインを考えて
用意しているが…

実際はこのように
読み飛ばしやランダムな順序で
LPは読まれる

最初と最後（価格など）を見て
そのまま離脱する
可能性もある

**LPは基本的に全部読まれることはないという前提で、デザインを考えるべき。
タイパ志向の高まりからも冒頭で匂わせる、続きは読めばわかるといった
遠回りの情報提供は極力避けた方がよい**

LPデザインを考える上では、よほどの興味性や物語性がない限り、冒頭で匂わせたり、続きは読めばわかるといった**ユーザーに遠回りで情報を提供する行為**はなるべく避けるべきです。ファーストビューの領域内で、まずは単刀直入にLPのメッセージやオファーを伝え切る方が賢明といえます。

どのパターンのデザインを選ぶにしても、PCユーザーとスマホユーザーの行動様式の違いを事前に認識しておくことは、最終的に良いデザインを生み出すために重要です。両者の代表的な違いをみてみましょう。

	PCユーザー	スマホユーザー
閲覧状態	机に向かっている 集中している…など	ベットで横になっている リラックスしている…など
閲覧環境	自宅、職場など	電車、信号待ち、街中など
閲覧スピード	情報を比較検討・吟味するため閲覧スピードは通常〜ゆっくりとなる	その場ですぐに情報収集＆結論を出したいため閲覧スピードは基本的に早くなる
閲覧意識	スマホ上での操作と異なり、より意識的に情報を収集する	無意識に情報を取得する場合もあれば、真剣に購入を検討する場合もある

▼ [参考] Chrome lighthouse とマイクロモーメント

Chrome Lighthouseでスマホ対応確認する

Googleが提供している拡張機能。Webサイトの分析ができる。サイトのモバイル対応が問題なくできているか確認できる

参考：https://chromewebstore.google.com/detail/lighthouse/blipmdconlkpinefehnmjammfjpmpbjk?hl=ja

Googleの提供するマイクロモーメントを意識

知りたい (I-want-to-know moments)	行きたい (I-want-to-go moments)
したい (I-want-to-do moments)	買いたい (I-want-to-buy moments)

人が「何かをしたい」と思ったときに、反射的にスマホやタブレットなどのモバイル端末を使って検索する瞬間（モーメント）のこと

参考：https://www.thinkwithgoogle.com/intl/ja-jp/consumer-insights/consumer-journey/micro-moments/

例えば、PCユーザーとスマホユーザーでは、前提となる閲覧環境や閲覧スピード、閲覧可能時間などが異なります。

その違いによってLPの商材に対する真剣度や比較検討、購買タイミングも大きく変化していきます。

PCとスマホのLPデザインを単に表面的に分けて作るだけではなく、その裏側にある様々なユーザー像を想定しながら、自分なりの仮説を立てて適切なLPデザインを提供することを目指していきましょう。

4 LPの読みやすさは フォントの選び方

次は、デザインの印象や雰囲気を左右する要素であるフォントについて見ていきましょう。セールスやオファーを目的としたLPデザインの場合、慣れないうちは特殊なフォントはなるべく使用せず、誰が見ても読みやすいフォントを選択することがポイントです。

LPデザインの判読性を高めるフォント選びのポイントとは？

　フォントとは、統一された書体や大きさの文字のセットのことです。普段PCを使って仕事をしている方にとっては、説明不要のデザイン要素でしょう。

　LPデザインの場面においても、特にLPは一般的なマス広告と比較して文字情報の割合が多いため、どのフォントを選ぶかによって全体の印象や雰囲気が大きく様変わりしてきます。

　加えて、選択したフォント自体が閲覧ターゲット（性別・年齢・属性など）を自然と選別してしまう点にも十分配慮しなければいけません。

　例えば、LPで化粧品を販売するといった場合、普段使いをアピールするのか、高級感を伝えるのかによって、最適なフォントは異なります。

　そのため、勝手に自分好みの特殊なフォントを選んでしまうと、LP全体の判読性が失われてしまい、読んでいても内容が頭に入ってこないユーザーが途中で離脱することにもつながります。

　そこで、できる限り失敗を減らすために、LPデザインにおけるフォント選びのポイントを3つ解説していきます。

ポイント① 定番フォントからメイン（＋アクセント）を選ぶ

まず、フォントを選ぶ1つ目のポイントは、メインで使用するフォントは定番フォントから選ぶというものです。

この定番というのは要するに、一般人が普段の生活で見慣れているフォントのことです。

世の中でよく使われている定番フォントをLPデザインに使用することで、普段それらのフォントに見慣れているユーザーに、読みづらさや違和感を感じさせないことが大きな狙いとなります。

デザインの独自性を追求するためにあえて、特殊なフォントを採用するというのはもちろん差別化戦略としてはアリです。しかし、デザインスキルが高い人が行う場合以外、最初はなるべく避けたほうが無難です。

あくまでLPで使用するメインフォントは、一般に広く受け入れられている種類のフォントを採用します。その上で、デザインの細かなアクセントとして手書き系などの特殊なフォントを使用する方法が、一番失敗のリスクが低く、後からの修正作業も容易に行うことができます。

ポイント② フォントの種類で印象をコントロールする

定番フォントの中から選んだ方が良いとはいっても、そのフォントのリスト内でどれを選ぶかによって、ユーザーが受け取る印象は大きく異なってきます。

フォントの種類は、英字フォントも含めると様々なカテゴリーに分類することができます。

LPデザインを担当する際にはまず、ゴシック体・明朝体・その他の3つのカテゴリーに分けて、ユーザーに与える印象を使い分けていくことが基本路線となるでしょう。

例えば、ゴシック体であれば、真面目やアグレッシブ、誠実といった印象を与えることができます。明朝体であれば、洗練感やスタイリッシュ、高級感といったイメージを生み出すことができます。

LPを通じて、集客したい顧客や販売したい商材のイメージに合わせて、適切なフォントを選択することで、ユーザーに与える印象をコントロールすることを意識しましょう。

▼ **LPデザインで失敗しないフォント選びのポイント❶と❷**

ポイント❶

一般的に使われるフォントから
メイン（＋アクセント）を選ぶ

フォントの種類は明朝体・ゴシック体の
2つのカテゴリーに分ける

ポイント❷

フォントの種類で
大まかな印象をコントロールする

表現したいトンマナに合わせて
フォントの種類を分けて使用する

メイン		代表的なフォントの種類		文字から受ける印象やキーワード
	明朝体	ヒラギノ明朝 游明朝体 Noto Serif 筑紫明朝 さわらび明朝 はんなり明朝 うつくし明朝体オールド	リュウミン A1明朝 秀英明朝 黎ミン 見出しミン MA31 …etc	**ヒラギノ明朝** / **A1明朝** LPデザインのフォント選び / LPデザインのフォント選び 伝統的 / フォーマル / 高級 / 和風 / 優雅 / 落ち着き …etc
	ゴシック体	ヒラギノ角ゴシック メイリオ 游ゴシック Noto Sans 筑紫A丸ゴシック 筑紫B丸ゴシック さわらびゴシック	新ゴ 新丸ゴ UD新ゴ A1ゴシック 秀英ゴシック UD角ゴ …etc	**Noto Sans** / **新ゴ** LPデザインのフォント選び / LPデザインのフォント選び シンプル / カジュアル / スタイリッシュ / ダイナミック…etc

＋フォントはメイン1種類（明朝 or ゴシック）に加えて、
アクセントとなるフォント（手書きなど特殊なフォント）を選択すると失敗が少なくなる。

アクセント	**手書き**	ふい字 えり字 花とちょうちょ	VDL ペンレター あんず文字 …etc	**花とちょうちょ** LPデザインのフォント選び 個性的 / 遊び心 / 親しみやすい / 自然さ / フレンドリー …etc

ポイント❸ 太さ・行間・文字間の調整で印象をコントロールする

ポイント❶ と **ポイント❷** を通じて、メインで使用するフォントを決めたら、その
フォントの太さや行間、文字間を調整することでさらにLPデザイン全体の印象を
コントロールしていきましょう。

例えば、行間や文字間を狭めることで、メッセージ性を強めることができます。
逆に、広げていくことで落ち着いた雰囲気を演出することもできます。

ただし、一度決めた文字サイズ・太さ・行間・文字間は、他の箇所でも同じ値で
使用しないと、全体を眺めたときに統一感が失われてしまうので注意が必要です。

結論として、LPデザインのフォント選びは、定番フォントを中心にできる限り
選択肢を絞った中から選ぶという方法で進めると、一番失敗が少ないでしょう。

それだと、デザインの見た目が全部同じになるのでは？　と感じるかもしれませ
ん。しかし、LP制作で忘れてはいけないのは読みやすさです。

そのような細かなフォントの種類や見た目で差別化したところで、あくまでコン

テンツや提供サービスで差別化しなければ意味がないということです。

　いくら他よりも目立たせたいからといって、一般的に認知されていない特殊なフォントを使って読みづらくなるリスクを抱えるぐらいであれば、もっと他の部分で差別化を狙った方が良いといえます。

▼ LPデザインで失敗しないフォント選びのポイント❸

(ポイント❸) 太さ・行間・文字間（カーニング）の調整で印象をコントロール

モリサワフォント
https://morisawafonts.com/

Google Font
https://fonts.google.com/

フォントワークス
https://fontworks.co.jp/

フリーフォントや有料フォントをダウンロードする。特にモリサワなどは見慣れたフォントが多いため重宝する

Google Fonts + Japanese

Googleフォントは基本無料で使えるため、希望のフォントが あれば制作・発注する際に伝えておくと良い

5 LPの読みやすさを高める 配色（カラー）

次に、LPデザインの判読性を高める配色（カラー）について見ていきましょう。配色に関しても無数の選択肢が考えられますが、基本的にはフォント選びと同様に、ある程度選択肢を限定していくのが鉄板の考え方となります。

LPデザインの判読性を高める配色のポイントとは？

フォントと同様に、LPデザインで使用する配色は、ユーザーがLPを通じて受け取る印象を大きく左右する重要な要素となります。

LPデザインの配色に関しても、その目的は決して個性的でアーティスティックな色使いを目指すことではなく、あくまでユーザーに対して読みやすさを提供するために施すものです。

そこで、LPデザインの配色を考える上で欠かせない3つのポイントについて説明していくことにしましょう。

ポイント① 既存のメディアや媒体と統一して選ぶ

LPデザインの配色を考える際、まずはそのビジネスを提供している会社や事業主がすでに展開しているホームページやチラシ、ロゴや名刺など既存のメディアや媒体があるか最初に確認しておきましょう。

意図的に全く別の業態やサービスを提供するケースなどを除いて、新しく作るLPに関しては、なるべく既存メディアの配色と統一する方が良いでしょう。

例えば、LPに訪問したユーザーが会社のHPに流入してきた際に、あまりにも見た目の印象が異なると一貫性がなく、信頼度が下がってしまう恐れがあります。

そのため、特に理由もなく、LPだけなんとなく別の配色を用意するといったことは、企業のブランドイメージの統一感を失うことになるので、極力避けるのが賢明です。

▼ 既存メディア（ロゴ・HP・チラシなど）で使用されている配色を基準に決める

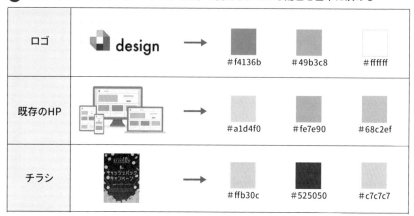

ロゴ			
		#f4136b / #49b3c8 / #fffff	
既存のHP		#a1d4f0 / #fe7e90 / #68c2ef	
チラシ		#ffb30c / #525050 / #c7c7c7	

既存の配色を活かすメリット

既存メディアとの統一感が出て、各媒体からのLPへ遷移時に違和感がなくなり、閲覧ユーザーが同じ事業主が提供している情報だと認識しやすくなる

- -

ポイント❷ 色が与える一般的な印象を言語化して選ぶ

　もし既存のメディアや媒体がなく、ゼロから新しい配色を考えるのであれば、まずはそれぞれの色が、一般的にどのような印象を与えるのか整理しておくと良いでしょう。

　例えば、赤であれば、情熱・勝利・衝動といったポジティブイメージがある一方で、危険・争い・怒りといったネガティブイメージを与える場合もあります。

　こうした色が与えるイメージをポジティブとネガティブの両面から、言葉でストックしておくことで、あてもなく感覚的に色を選ぶといった遠回りを防ぐことができます。

▼ 色が与える一般的な印象を言語化して選ぶ

赤 Red	黄 Yellow	青 Blue	白 White
ポジティブイメージ	ポジティブイメージ	ポジティブイメージ	ポジティブイメージ
情熱・愛情・勝利・興奮・衝動	明るい・活発・幸福・躍動	知性・冷静・誠実・清潔	祝福・純粋・清潔・無垢
ネガティブイメージ	ネガティブイメージ	ネガティブイメージ	ネガティブイメージ
危険・争い・怒り	臆病・警告・裏切り	さみしさ・冷たい・悲しみ	空虚・殺風景・冷たい
適切なテーマの例	適切なテーマの例	適切なテーマの例	適切なテーマの例
飲食・キャンペーンサイト	食品・スポーツサイト	コーポレート・医療	ニュース・EC・美容

桃 Pink	橙 Orange	緑 Green	灰 Gray
ポジティブイメージ	ポジティブイメージ	ポジティブイメージ	ポジティブイメージ
可愛い・ロマンス・若々しい	親しみ・陽気・自由・家庭	自然・平和・リラックス・エコ	実用的・穏やか・控えめ
ネガティブイメージ	ネガティブイメージ	ネガティブイメージ	ネガティブイメージ
幼稚・繊細・弱々しい	わがまま・騒々しい・軽薄	保守的・未熟	曖昧・疑惑・不正・無気力
適切なテーマの例	適切なテーマの例	適切なテーマの例	適切なテーマの例
ブライダル・女性用サイト	飲食・キッズ向けサイト	アウトドア・飲食・環境	工業・家電・ファッション

紫 Purple	茶 Brown	黄緑 Yellow green	黒 Black
ポジティブイメージ	ポジティブイメージ	ポジティブイメージ	ポジティブイメージ
高級・神秘・上品・優雅・伝統	ぬくもり・自然・安心・伝統	フレッシュ・ナチュラル	高級・エレガント・洗練
ネガティブイメージ	ネガティブイメージ	ネガティブイメージ	ネガティブイメージ
不安・嫉妬・孤独	地味・頑固・汚い	未熟・子供っぽい	恐怖・不安・絶望
適切なテーマの例	適切なテーマの例	適切なテーマの例	適切なテーマの例
ファッション・ジュエリー・占い	ホテル・旅館・インテリア	新生活・新年度・初心者	車・ジュエリー

ポイント❸ 使用する色数は最小限に抑えて選ぶ

基本的なLPデザインの配色決定方法は、以下の流れとなります。

> ❶ LPを通じてユーザーに与えたいイメージに沿ってメインカラーを決める
> ❷ メインカラーの中から最もイメージに近い候補を選ぶ
> ❸ メインカラーを決めたら、サブカラーとアクセントカラーを決める

　例えば、誠実さを伝えることを目的として青を選んだ場合、その青系の色から更にイメージに合う色を選択して、メインカラーとして設定します。

　次に、そこで選んだ青系のメインカラーに合うサブカラーを配色ツールなどで抽出します。最後にアクセントカラーとして、オレンジや緑などの別系統の色を選びます。

　ちなみに、このアクセントカラーは、LP内の申し込みボタンなど視覚的に目立たせたい箇所に使用するのがおすすめです。

▼ 使用する色は最小限に抑えて選ぶ

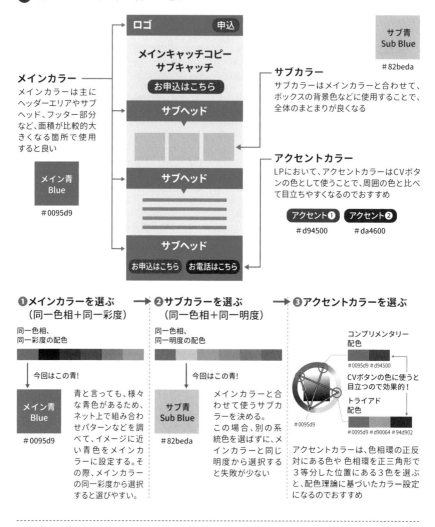

メインカラー
メインカラーは主に
ヘッダーエリアやサブ
ヘッド、フッター部分
など、面積が比較的大
きくなる箇所で使用
すると良い

メイン青
Blue

#0095d9

サブカラー
サブカラーはメインカラーと合わせて、
ボックスの背景色などに使用することで、
全体のまとまりが良くなる

サブ青
Sub Blue

#82beda

アクセントカラー
LPにおいて、アクセントカラーはCVボタ
ンの色として使うことで、周囲の色と比べ
て目立ちやすくなるのでおすすめ

アクセント❶　アクセント❷
#d94500　　#da4600

---

❶メインカラーを選ぶ
（同一色相＋同一彩度）

同一色相、
同一彩度の配色

↓ 今回はこの青！

メイン青
Blue

#0095d9

青と言っても、様々
な青色があるため、
ネット上で組み合わ
せパターンなどを調
べて、イメージに近
い青色をメインカ
ラーに設定する。その際、メインカラー
の同一彩度から選択
すると選びやすい。

❷サブカラーを選ぶ
（同一色相＋同一明度）

同一色相、
同一明度の配色

↓ 今回はこの青！

サブ青
Sub Blue

#82beda

メインカラーと合
わせて使うサブカ
ラーを決める。
この場合、別の系
統色を選ばずに、メ
インカラーと同じ
明度から選択する
と失敗が少ない

❸アクセントカラーを選ぶ

コンプリメンタリー
配色

#0095d9 #d94500
CVボタンの色に使うと
目立つので効果的！

トライアド
配色

#0095d9

#0095d9 #d90064 #94d902

アクセントカラーは、色相環の正反
対にある色や色相環を正三角形で
3等分した位置にある3色を選ぶ
と、配色理論に基づいたカラー設定
になるのでおすすめ

　以上、LPデザインの配色に関しても、フォントと同じように、個人のセンスや
感覚で選ぶのではなく既存のメディアや媒体を参照したり、1つのメインカラーか
ら派生して選ぶなど、事前に選択方法を定めておくと、効率的に制作を進めること
ができるでしょう。

6 理解を促すための写真やイラストの使い方

LPデザインの可読性＝わかりやすさを向上させるために、写真画像素材は必要不可欠な要素です。文字情報に対して適切な写真画像素材を当てることで、ユーザーはより負担なくLPの内容を理解することができるようになります。

▌LPデザインの可読性を高める写真画像素材の選び方とは？

　LPデザインでは、文字情報に合わせて様々な写真などの画像素材を積極的に使っていくことになります。

　最初からプロに頼んで、オリジナルの写真を撮影してもらったり、イラストレーターにオリジナルのイラストを書いてもらえるのであれば、それらを使って制作すれば特に問題ないでしょう。

　しかし、制作の現場では、最初から商品やサービスに関する画像やイラストを完璧に用意してから、制作に臨むケースはそう多くないはずです。大抵の場合、有名な写真素材サイトなどからイメージに近い画像を選ぶことになるでしょう。

　そこで、一般的な写真素材サイトから、制作するLPに適切な写真画像素材を選ぶための大切なポイントを3つ挙げておきましょう。

ポイント❶ 連想距離を意識して写真素材を選ぶ

　写真素材を選ぶ上で大切なポイントの1つ目は、連想距離を意識することです。連想距離とは、文字情報と視覚情報の関連性を距離で示したものです。

　例えば、大学受験生向けの春季個別指導学習塾のLP制作を担当すると仮定してみましょう。

　この場合、どのようなイメージを連想することができるでしょうか？

▼ 連想距離＝文字情報との関連性を意識しながら写真素材を選ぶ

| 事例 | 「現役大学受験生向けの春季個別指導学習塾」のランディングページ制作 |

文字情報を分解すると… ← 近い ──── 連想距離 ──── 遠い →

文字情報キーワード	連想キーワード	← 近い ──── 連想距離 ──── 遠い →		
現役大学受験生	10代後半 高校生 学生服 赤本…etc	制服で赤本を持って勉強＝現役受験生という図式が成立するため、連想距離が短くなる	高校生ではあるが、現役受験を示す決定打がないため連想距離が中途半端	勉強というキーワードは共通しているが、そもそも小学生のため連想距離が遠すぎる
春季	桜 始業式 クラス替え …etc	高校生・桜という図式が成り立つため、春季という文字情報からの連想距離は近くなる	高校生という連想距離は近いが、春季という言葉を連想する要素が不足	夏服・緑の木々という春季から連想距離が非常に遠いため候補から除外
個別指導	マンツーマン 個室 1対1 …etc	マンツーマン、1対1で指導という印象が伝わるため、個別指導から連想距離が近い	塾で個別で勉強している様子がうかがえるが、指導という言葉からは連想距離が遠い	1対多人数の授業風景であり、個別指導からの連想距離は程遠い
学習塾	黒板 机・椅子 教室 赤ペン…etc	個別指導学習塾という言葉から、個別ブースでの勉強風景を連想した	個別での学習から連想できる勉強風景だが、塾で取り組んでいる印象が薄い	学習塾の連想は満たしているが机が多数並んでいる時点で、個別指導ではない

→ 文字情報からの連想距離が近いものを中心に
写真素材は取捨選択していくと確実に失敗を減らせる

- 大学受験生 → 10代後半・高校生・学生服・赤本…etc.
- 春季→ 桜・始業式・クラス替え…etc.
- 個別指導 → マンツーマン・個室・1対1…etc.

このように、LPの写真素材選びは、LP全体のテーマやキーワードから連想しながら、中でも一番連想距離の近い写真素材を選択する流れが基本となります。

この連想距離が近ければ近いほど、写真素材はLPの文字情報を適切に補完できます。

逆に連想距離が遠ければ遠いほど、一般ユーザーにとって感覚的に理解するのが難しくなるというわけです。

もちろん、あえて連想距離が遠い写真素材を配置してユーザーの意表を突くというアイデアもありますが、少なくともユーザーがLPを見たときに、この写真（画像）は一体何？と感じさせた時点で、離脱する可能性は非常に高くなるので注意が必要です。

ポイント❷ KBF＝購買決定要因を視覚化する

2つ目のポイントとして、写真素材を選ぶ際はLPを通じて提供する商材のKBFを意識することも重要です。

KBFとは、Key Buying Factorの略で、購買決定要因＝ユーザーが購入を決断する上で重要な要素という意味です。

例えば、歯医者などのクリニックの場合、KBFとして担当医師やアクセス、院内の様子といったものが挙げられます。

まずは、優先的にこれらの情報に関連した写真素材を掲載しておくことで、ユーザーがそのクリニックを選ぶ上での検討材料や、他のクリニックとの比較材料を与えることができます。

たとえどんなに連想距離が近くても、それらがKBFと結びついていない限り、ユーザーに対して刺さりにくいLPデザインになってしまいます。

いかに、文字情報と連想距離が近く、かつKBFに結びついている写真素材を探せるかが、訴求力の高いLPを生み出すことにつながってくることを理解しておきましょう。

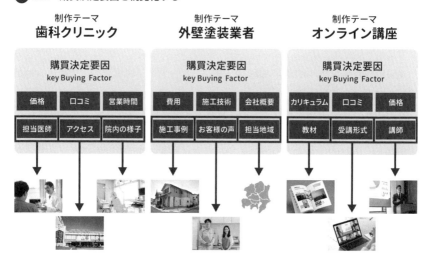

▼ KBF＝購買決定要因を視覚化する

KBFとは、人がその商材の購入を決断する上で最も大きな影響を及ぼす要素。
どの情報にどんな写真素材を使えばいいのか？は、
その商材のKBFから逆算して決めていくのが鉄則となる

ポイント❸ 写真やイラストのテイストに一貫性を持たせる

　３つ目のポイントは、写真素材のテイストは一貫性を持たせるというものです。いくら適切な連想距離の素材を選び、KBFと結びついていたとしても、各素材のテイストがバラバラな状態ではLPデザイン全体に一貫性が生まれず、ページ全体の説得力が失われてしまいます。

　そのため、素材サイトなどを通じてメインで使用する人物写真やイラスト素材を見つけたら、追加の写真素材は同じクリエイターのものを選んで入手するなど、できる限りテイストや雰囲気を統一することを意識しましょう。

　特に、人物写真については、たとえお気に入りのモデルを見つけたとしても、ポーズや姿勢などのバリエーションが少ないモデルを採用してしまうとデザインを考える上での選択肢が減ってしまいます。

　極力豊富な撮影アングルが用意されているモデルを採用すると良いでしょう。

▼ 写真やイラストのテイストに一貫性を持たせる

人物写真画像を使用する際は 同一の撮影モデルを使用する	イラストを使用する際は同一の イラストレーターの作品を使用する	アイコンを使用する際は同一の テイストのアイコンを使用する

Pixta（https://pixta.jp/）の 写真素材サイトなどで 人物写真を見つけたら関連画像をクリック	Adobe Stock（https://stock.adobe.com/jp/）などで 気に入ったテイストのイラストが見つかったら「作成者」のリンクをクリック	ICOOON MONO （https://icooon-mono.com/）
▼	▼	

		吹き出しデザイン （https://fukidesign.com/）
そのモデルの様々なアングルやポーズが表示される。モデル写真に関しては種類が豊富なほどデザインのバリエーションは増やしやすい	作成者のポートフォリオページが表示される。ここからイラストを選ぶことで全体の統一感を出すことができる	無料の素材でもダウンロードするサイトを統一することで、デザインに一貫性を持たせる。なんとなくバラバラにかき集めて使ってはいけない

　LPデザインの可読性を高めるうえで、写真素材選びは非常に重要な要素ですが、それだけに感覚的になんとなく人物写真やイラストを選んでしまうと、途端にLP全体の訴求力が失われてしまいます。

　そのため、連想距離やKBFを常に意識しながら、テイストに一貫性を持たせつつ、文字情報を補完する最適な写真素材を選ぶように努めていきましょう。

7 実用性を高める コーディングテクニック

LPデザインは単にPhotoshopやIllustrator、Figmaなどでデザインを作成するだけではありません。その後の運用も踏まえて、コーディングも修正や追加作業しやすい形で実現する必要があります。そこでコーディングに関しても、最低限意識しておきたいポイントについて解説します。

┃ LPデザインの実用性を高めるコーティングのポイントとは？

　LPデザインが、HPやチラシなどのデザインと最も異なる点として、運用しながら修正・追加・改善を短期間で繰り返していく媒体であることが挙げられます。

　例えば、運用結果に応じてヘッダーエリアの文言を改善したり、新しく集めたお客様の声を追加したり、軽微なテキストを修正したりするなど、完成後も頻繁に作業が発生します。

　そのため、いくら素晴らしいLPデザインを作り上げたとしても、そのLPに対して柔軟に修正・追加作業ができる実用性＝使いやすさが備わっていなければ、ビジネスの集客販売装置として中長期的に使い続けることは難しくなります。

　さすがに本書ではページ数の都合上、コーディングの知識やスキルをゼロからお伝えできませんが、LPの実用性を高める要素として、LP制作におけるコーディングや保守管理においてこれだけは押さえておきたいポイントを3つ紹介します。

ポイント❶ 保守性や運用方法をあらかじめ確認しておく

　まず、LPデザインに取り組む前に、最終的に作ったLPをどのような形で公開・運用していくのか決めておくことが先決です。

　LPを公開する代表的な方法としては、次の3つです。

> **方法❶** レンタルサーバーを使って、静的データ（HTML/CSS/JavaScript）にアップして構築する
>
> **方法❷** レンタルサーバーを使って、動的データ（WordPress）で構築する
>
> **方法❸** その他のHP制作サービス（STUDIO、Wix、ペライチなど）を使って、LPを構築する

▼ それぞれの保守管理や運用方法とメリットとデメリット

静的データ （HTML/CSS/JavaScript）で 構築する	動的データ （WordPress）で 構築する	HP制作サービス （STUDIO、Wix、ペライチなど） で構築する

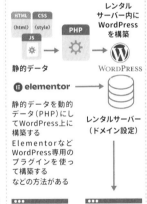

静的データ

静的データを直接レンタルサーバー上にアップロードして、ブラウザに表示する

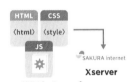

レンタルサーバー
（ドメイン設定）

Web ブラウザ

静的データ

静的データを動的データ（PHP）にしてWordPress上に構築する
Elementorなど WordPress専用のプラグインを使って構築する
などの方法がある

レンタルサーバー
（ドメイン設定）

Web ブラウザ　管理画面

HP制作サービス
（ノーコード制作ツール含む）

STUDIO　WIX　ジンドゥー

ペライチ　Goope

構築

各HP制作サービスの管理画面

HP制作サービス側が用意したテンプレートなどに別途作成したデザインデータ（写真や画像）を当てはめて構築していく

更新

Web ブラウザ

👍 **メリット**

サーバーに直接アップすれば公開されるので、制作から運用開始までのスピードが早い

👍 **メリット**

WordPressの管理画面から更新・追加作業が行えるため、中長期的にテストや運用がしやすい

👍 **メリット**

初心者でも理解しやすく作られた管理画面で、直観的に短時間で、LPを構築することができる

👎 **デメリット**

更新・追加作業は HTMLやCSSを直接編集する必要があるため、一定の専門スキルが必須

👎 **デメリット**

WordPressの構築作業にコストや時間がかかり、定期的なメンテナンス作業が発生する場合も

👎 **デメリット**

デザイン力が不足していると、テンプレートに当てはめるだけとなり、クオリティを上げにくい

静的・動的・HP制作サービスのどれにもメリット・デメリットは存在しており、どれが最適なのかは予算やスキルの有無、管理体制などによって変わってきます。どの方法が正解というのは特にありません。

　肝心なのは、どちらの方法を選ぶかによって、**完成後の保守管理や運用方法が異なる点を事前に理解しておく**ことです。

　レンタルサーバーやドメインの契約をどうするか、ページを静的・動的のどちらで構築するのか、広告運用をどう進めていくのかなど、個々の状況によって全体の制作費や固定費、制作会社との契約項目などに大きく影響してきます。

　例えば、LP制作無料！という制作会社があったとしたら、その会社は制作後の広告運用もセットで販売しているケースが大半です。

　また、そのような会社はレンタルサーバーやドメインなども基本的にクライアント側ではなく自社で管理するため、もし契約終了となると、LP自体を閉鎖するといった縛りもあったりします。

　自社で制作するにせよ、外部に依頼するにせよ、どのような管理体制でLPを運用していくのかについてはあらかじめ確認しておく必要があります。

ポイント❷ 修正や追加がしやすいコーディングを心がける

　LPの実用性を高める上で重要なポイントの2つ目は、**コーディングを凝りすぎない**という点です。

　ユニークさやオリジナリティを高めて、コーディングにこだわるほど成約率は上がるのでは？と思うかもしれません。

　よほどの勝算がない限り、後で修正や追加作業が施しにくいレベルのコーディングをLPに施すのは控えた方が良いでしょう。

　私がこれまで遭遇したケースでは、コーディングで文字や画像配置を作り込んだのに、いざ運用してみると、そのエリアで離脱が多いので結果的に全面カットになったという残念な例がありました。

　また、世界観を重視するためにアニメーションを多用した結果、読者の閲覧スピードにアニメーションの表示が追いつかず、途中で離脱されてしまうケースもありました。

　デザインやコーディングを追求してLP全体のクオリティを上げることはもちろん重要です。とはいえ、大量の予算と時間をかけて、完成後にやり直しが効かないレベルまで作り込んでしまう状況は、LP制作ではなるべく避けたほうが懸命です。

▼ コーディングの追加修正作業の負担を減らすデザイン

失敗例 | デザインをスタイリッシュにしすぎて修正追加が困難になったケース

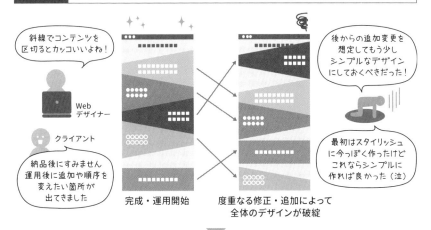

追加修正に対して迅速に対応できるデザイン＆コーディングを意識する

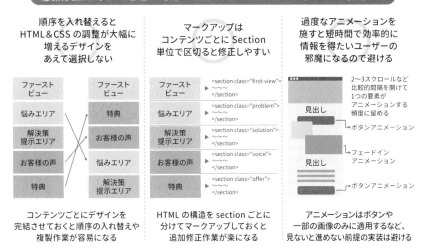

　この点は、完成後にそこまで大規模な追加や修正が少ないHP制作との大きな違いともいえます。

　シンプルすぎて殺風景にならず、かといって作り込み過ぎて後から追加修正がしづらいデザインにならないように、うまくバランスを取るのは難しいですが、LPの実用性を高める上では常に意識しておくべき点です。

ポイント❸ 状況に応じて画像のファイル形式を使い分ける

3つ目のポイントは、デザインやコーディングの状況に応じて画像の書き出しファイル形式を使い分けることです。

例えば、ロゴであればSVG形式のファイルを用いて、背景画像の上に画像要素を設置したい場合はPNG形式で保存して使うなど、可能な限りLP全体のデータ量が少なくなるように画像を書き出します。

LP全体のデータ量が少なくなれば、ページの表示や読み込み速度にも好影響を与えることができます。

もし、デザインデータをコーダーに渡して外注する場合には、書き出しファイル形式を指定しておくのも良いでしょう。

▼ **画像の書き出しファイル形式の使い分け**

画像を書き出す際は拡張子を使い分ける

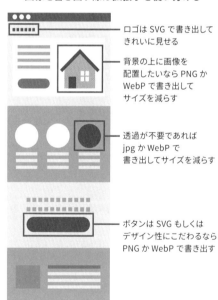

ロゴは SVG で書き出してきれいに見せる

背景の上に画像を配置したいなら PNG か WebP で書き出してサイズを減らす

透過が不要であれば jpg か WebP で書き出してサイズを減らす

ボタンは SVG もしくはデザイン性にこだわるなら PNG か WebP で書き出す

画像の種類	サイズ	透過	使い勝手
JPG	○ 小〜中	× 透過しない	○ 背景透過する必要がないのであれば最も頻繁に使われるファイル形式
PNG	△ 中〜大	○ 透過する	サイズは大きくなるが透過させたいなら 汎用性の高いファイル形式
SVG	◎ 小	○ 透過する	△ 写真画像はSVGにならないため ロゴやボタンなど用途が限定的
WebP	◎ 中〜大	○ 透過する	△ ブラウザによっては対応しない。広告運用のバナーなどでサポートなし

PageSpeed Insights

https://pagespeed.web.dev/?hl=ja

Google が提供している Page Speed Insights でチェックすると、ページ表示速度に大きな影響を及ぼしている画像ファイルを確認できる

　昨今では、Googleが開発した「WebP」など、データ軽量化と透過のメリットを併せ持つファイル形式も出てきましたが、WebPに関してはブラウザによっては対応していなかったり、Google広告のバナーなどでサポートされていないファイルであるなど、まだまだ使い勝手が良いとはいえません。

　もしFigmaを使っているのであれば、画像の書き出しは容易に分けることが可能なため、ぜひ状況に合わせて適切なファイル形式を選ぶようにしましょう。

8 具体的なLPデザインの 制作パターン

ここまでLPデザインの要素について学んできました。実際にLPを発注する先を探すとなると、数万円のフリーランスから100万円を超える制作会社まで様々な価格帯のサービスが存在しています。この違いが生まれる理由を具体的なLPデザインの制作パターンを通じて説明していきます。

LP制作の予算や期間は制作工程によって異なってくる

実際にLP制作を外部に発注する際に注意しておきたいのは、**実際の制作工程や担当人数によって全体の予算や作業期間が大きく変わってくる**という点です。

LP制作の依頼を検討すると、例えば制作会社では50万円、クラウドワークスやココナラでは5万円といったように制作費の幅がピンキリとなっています。

なぜここまで費用に差が生まれるのか？ をあらかじめ発注側が理解しておくことは費用対効果の高いLPを作る上で大切です。

そこで、組織的な制作会社と個人運営のフリーランスを比べて、両者の制作工程にどのような違いがあるのかについてみてみましょう。

ポイント❶ ラフ→デザイン→コーディングの順番作成パターン

まずひとつ目のラフ→デザイン→コーディングの順番作成パターンは、一般的なLP制作会社が採用している制作工程となります。

まずは、事前に用意された情報（＝LPライティング）を元に、ラフスケッチやワイヤーフレームを作成し、それに対してデザインを施し、デザイン確定後に満を持してコーディングを施して完成するという流れです。

▼ 順番作成パターンのメリットとデメリット

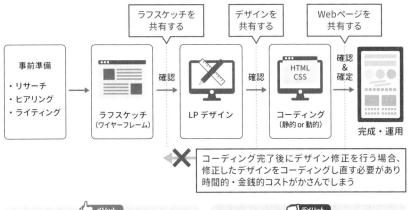

確実にクオリティは高くなるが、その分コストと時間がかかる！

このパターンは、ひとつひとつの工程を丁寧に積み上げていくため、最終的な完成度を高めることができる大きなメリットがあります。

制作会社によっては各分野を専門家が対応するため、様々なリクエストに対応してもらうことができます。

逆にデメリットは、担当人数が増えるため予算が大幅に増えるということです。他にも、最終的にWebで閲覧した際の違和感などを修正する際、再度デザイン→コーディングという工程をやり直すことになり、どうしても制作期間は長くなってしまう可能性があります。

制作会社にLP制作を依頼すると約50万円もしくはそれ以上予算が必要になってくる理由は、こうした人件費や制作工程が増える点にあるというわけです。

ポイント❷ ラフ→ デザイン↔コーディング 同時進行パターン

次のラフ→ デザイン↔コーディング同時進行パターンは、制作担当者がデザインとコーディングを同時進行で進めてしまう流れです。

▼ 同時進行パターンのメリットとデメリット

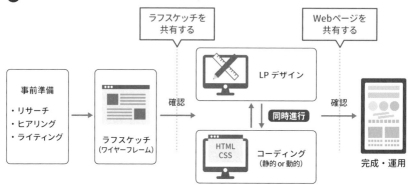

メリット
- デザインとコーディングを同時進行で進め、LPの確認作業をWeb上で閲覧しながら行うため、完成までのスピードが圧倒的に早い
- 汎用性の高いテンプレートなどに作成したデザインを適用する形で、カスタマイズしていけば制作コストを一気に下げることができる

デメリット
- 基本的にはフリーランスなど個人完結型の制作工程のため、途中で外注など他の誰かに任せることが難しくなる
- 制作会社に依頼するよりも費用は安くなるが、その分依頼するフリーランスの力量によってクオリティがまばらになりがち

作業効率が圧倒的に上がるため、個人完結型のフリーランスにおすすめ！

外注サイトなどでフリーランスにLPを10〜20万円程度の低単価で発注できる理由は、彼らの多くがこの同時進行型の簡略化された制作工程を採用しているからです。

このパターンのメリットとしては、デザインとコーディングを一気に同時に進めることで、実際の完成品をWeb上で確認しながら進めることができるため、制作期間を大幅に短縮することができる点です。

そのため、予算や期間が限られている場合や依頼側で一定以上の原稿や構成案、写真素材などを用意できる場合には、同時進行パターンを採用しているフリーランスに依頼することで、費用対効果の高いLPを作成してもらうことができる可能性が高くなるでしょう。

デメリットとしては、個人のフリーランスの力量に最終的なLPの出来映えが左右されてしまうケースが多いことです。

そのため発注する際には、それまでの実績やクオリティ、デザインに対する考え方などをしっかり考慮してお願いしたいところです。

補足 ラフスケッチのポイント

実際にデザインを作っていく前に、その叩き台としてラフやワイヤーフレームを作成する段階があります。私の場合は手書きのラフスケッチを作成して、情報を整理しながらおおまかな全体像をイメージしていくことが多いです。

ラフスケッチで重要なのは、最終的なデザインの見た目を考えるのではなく、情報をどの流れで配置するのかに重点を置いて考えることです。各情報に対してどのような装飾を施すかは、実際にPC上でアイデアを出しながら進めていきます。

▼ 片岡流ラフスケッチのポイント

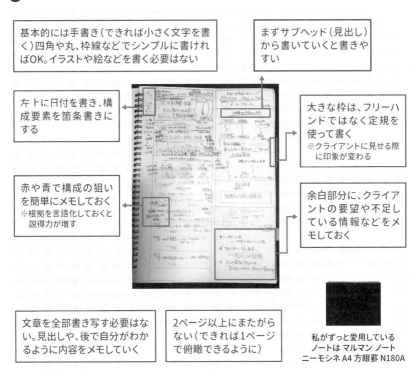

基本的には手書き（できれば小さく文字を書く）四角や丸、枠線などでシンプルに書ければOK。イラストや絵などを書く必要はない

まずサブヘッド（見出し）から書いていくと書きやすい

左上に日付を書き、構成要素を箇条書きにする

大きな枠は、フリーハンドではなく定規を使って書く
※クライアントに見せる際に印象が変わる

赤や青で構成の狙いを簡単にメモしておく
※根拠を言語化しておくと説得力が増す

余白部分に、クライアントの要望や不足している情報などをメモしておく

文章を全部書き写す必要はない。見出しや、後で自分がわかるように内容をメモしていく

2ページ以上にまたがらない（できれば1ページで俯瞰できるように）

私がずっと愛用しているノートは マルマン ノート ニーモシネ A4 方眼罫 N180A

さて、ここまでLPデザインを考える上で必須のテーマについて、重要な要素を中心に解説をしてきました。

先の第7章では、これらの知識をどのようにLPデザインの各パーツに活用していけばいいのか、より具体的な事例を紹介しながら学んでいくことにしましょう。

▼ ラフスケッチをもとにデザインを作成していくと…

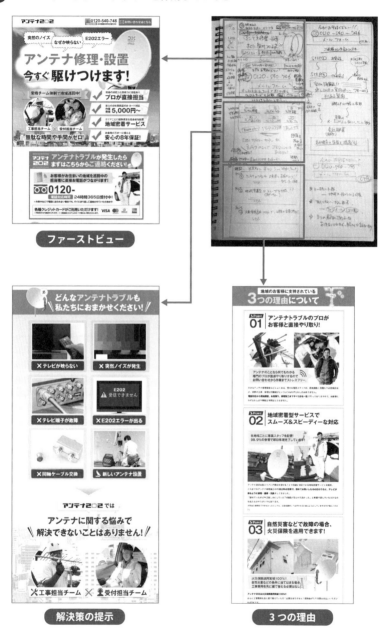

ファーストビュー

解決策の提示

3つの理由

第6章

効果を引き出すための
LP広告運用

いくらLPに関するの知識を高めて、マーケティングやライティングやデザインを考え抜き、とっておきのLPを作っても、閲覧するユーザーが少なくてはせっかくの効果を発揮できません。そこで、最低限これだけは知っておきたい広告運用の基本を解説します。

1 インターネット広告とは

本章では、LP制作に携わる際に最低限知っておくべきインターネット広告の基礎知識を学んでいきます。それぞれの広告ごとの個別運用テクニックについてはここでは詳しく解説できませんが、初めて学ぶ方がインターネット広告を理解する上で前提となる知識に絞って解説していきます。

広告にはどんな媒体があるか？

▼ 広告媒体の種類

まず、広告で用いられる媒体には、インターネット広告以外にも上記のように、マス媒体(テレビ・ラジオ・新聞・雑誌)・OOHメディア・SPといった媒体があります。

特に広告業界では、テレビ・ラジオ・新聞・雑誌はマスコミ4媒体と呼ばれ、インターネットが登場する前から不特定多数の視聴者や読者に向けてアピールする広告媒体として主軸を担っていました。

インターネット広告最大の強みは、ターゲティング

2021年、インターネット広告費は約2.7兆円となり、このマスコミ4媒体広告費を初めて上回り[※]ました。なぜ、インターネット広告は、この15〜20年の間にこれほどまでに急成長したのでしょうか?

一番の理由としては、ネット広告には他の広告媒体にはない**ターゲティング**という機能が備わっていたことが挙げられます。

ターゲティングとは、ユーザーを性別・年齢・地域・職業といった属性で分けたり、特定のサイトカテゴリーやWebサイト訪問履歴に基づいて、それぞれの集団に対して**最適な広告を配信**できる機能です。

ネット広告は、従来のマスコミ4媒体広告と比較して、この**ターゲティング機能が優れている**こと、**ユーザー行動をデータで把握**できること、**少額予算でも出稿**できるなど数多くのメリットがあったからこそ、これほど短期間のうちに成長を遂げてきたといえます。

※ 電通『2021年日本の広告費』より

▼ **インターネット広告のターゲティング種類**

性別	年齢	地域	インタレストカテゴリー

男性・女性に分けて配信	年齢のライフステージで区分	都道府県・市区郡で分けて配信（約1,400区分）	特定カテゴリーに興味を持つユーザーに配信

デバイス	曜日・時間帯	サイトカテゴリー	プレイスメントターゲティング
PC・スマホ・タブレット別に配信	曜日単位／1時間単位で設定可能	特定カテゴリーに分類されるサイトに配信	広告配信する、配信しないサイトを指定

サイトリターゲティング	サーチターゲティング
Webサイトに訪問したことがあるインターネットユーザーに配信	インターネットユーザーの検索履歴をもとにターゲティングして配信

インターネット広告の取引形態

▼ 現在のネット広告の3つの取引形態

❶運用型広告	設定した目標を達成するために、リアルタイムで変数を変更しながら運用し続けていく広告	Google 広告 Yahoo! リスティング Meta 広告…など 2018年時点で79%が運用型
❷予約型広告	掲載日時、掲載場所、掲載料金、掲載回数などをあらかじめ定めて枠を買い付ける従来型の広告取引	Yahoo! のトップバナー タイアップ広告…など
❸成果報酬型広告	ユーザーの行動をトラッキングできる利点を活用して、取引の成果を連動させる、いわゆるアフィリエイトのこと	A8 など ASP を通じた アフィリエイト広告

ここで、インターネット広告の取引形態について確認しておきましょう。

LP制作で最も目にする運用型広告とは、掲載媒体・掲載金額・掲載期間などを事前に確約せずに、掲載開始後の運用によって柔軟に変更していく広告のことです。

例えば、Google広告では、広告主や広告会社に広告管理画面が提供されており、そこで配信結果を確認しながら、自由に予算配分を調整し、見出しや広告文などのクリエイティブを差し替えたりします。

このように配信結果を最適化させる業務のことを運用と呼びます。

一方、予約型広告は、掲載媒体や掲載金額、掲載期間などを発注時に確約する広告のことを指します（Yahoo! JAPANのトップバナーなど）。

また、成果報酬型広告と呼ばれる成果が出たタイミングで報酬が発生する広告（アフィリエイト広告）もあります。

検索連動型広告を含めた運用型広告が、市場規模の8割に達しているため勘違いしやすいのですが、インターネット広告は運用型だけではないということを知っておくことは大切です。

2 インターネット広告の必須用語

初めてインターネット広告を学ぶ方が挫折する大きな原因は、アルファベットばかりの専門用語で混乱するというものです。改めてインターネット広告に関する用語を整理することで、LP運用の現場に活かしていきましょう。

インターネット広告を理解するには専門用語が必須

インターネット広告を理解することは、インターネット広告の専門用語を理解することに等しいと私は考えています。

管理画面や運用現場で飛び交う専門用語について理解が及んでいなければ、運用結果をどう判断すべきなのか、またどんな改善施策を打つべきなのかといった意識の共有が難しくなってくるからです。

そこで、必ず覚えておいてほしいネット広告必須用語をまとめてみました。

インターネット広告の必須用語10

❶ インプレッション数 (広告表示回数)

広告がユーザーに表示された回数のことを、インプレッション (impression ＝ 効果・影響) と呼びます。

❷ クリック数

実際にユーザーが広告をクリックした回数のことで、LPに訪問した数となります。

❸ コンバージョン数 (CV数)

ユーザーがLPに訪問して最終的に行動 (購入・予約・登録) などを行った回数です。サンクスページにタグを埋め込むなどして計測を行います。

▼ インターネット広告の専門用語❶

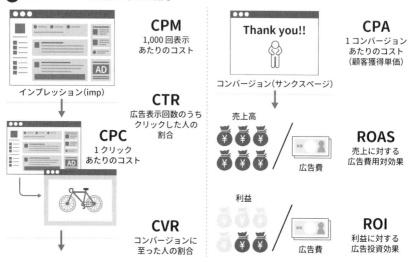

CPM
1,000回表示
あたりのコスト

インプレッション(imp)

CTR
広告表示回数のうち
クリックした人の
割合

CPC
1クリック
あたりのコスト

CVR
コンバージョンに
至った人の割合

Thank you!!

コンバージョン(サンクスページ)

CPA
1コンバージョン
あたりのコスト
（顧客獲得単価）

売上高

ROAS
売上に対する
広告費用対効果

広告費

利益

ROI
利益に対する
広告投資効果

広告費

▼ インターネット広告の専門用語❷

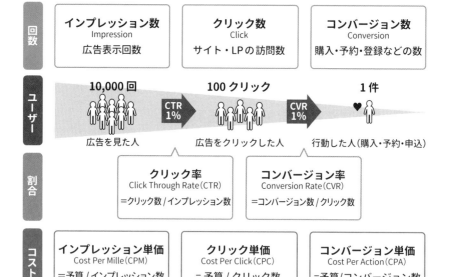

| 回数 | **インプレッション数**
Impression
広告表示回数 | **クリック数**
Click
サイト・LPの訪問数 | **コンバージョン数**
Conversion
購入・予約・登録などの数 |

ユーザー

10,000回 | 100クリック | 1件

CTR 1% | CVR 1%

広告を見た人 | 広告をクリックした人 | 行動した人（購入・予約・申込）

割合

クリック率
Click Through Rate（CTR）
＝クリック数／インプレッション数

コンバージョン率
Conversion Rate（CVR）
＝コンバージョン数／クリック数

コスト

インプレッション単価
Cost Per Mille（CPM）
＝予算／インプレッション数
※1,000回表示あたりでかかる費用

クリック単価
Cost Per Click（CPC）
＝予算／クリック数
※1クリックされるのにかかる費用

コンバージョン単価
Cost Per Action（CPA）
＝予算／コンバージョン数
※コンバージョン1件あたりの費用

❹ クリック率 (CTR：Click Through Rate)

CTR (Click Through Rate) とは、クリック数をインプレッション数で割って得られるクリック率です。集客効率や広告の品質を検証する際の指標となります。

❺ コンバージョン率 (CVR)

CVRとはコンバージョン率のことです。事前に定義した目的(購入・登録・予約・資料請求など)を達成した確率を検証する際の指標となります。

❻ インプレッション単価 (CPM：Cost Per Mille)

CPMのマイルとは、ラテン語で1,000を表す意味があり、広告を1,000回表示するごとに発生する広告費という意味になります。

❼ クリック単価 (CPC：Cost Per Click)

CPCとは、広告が1回クリックされるごとに発生する費用を表します。

❽ コンバージョン単価 (CPA)

CPA＝顧客獲得単価のことです。事前に定義した目的(購入・登録・予約・資料請求など)の達成に必要だったコストです。平均CPAは、広告費用の合計をコンバージョン数の合計で割ることで算出できます。

❾ 広告費用対効果 (ROAS)

ROASは、Return On Advertising Spend の略称で、広告費用の回収率や費用対効果と表現されます。広告費に対していくらの売上を得たかの割合で、CPAとは違う側面で費用対効果を検証する際の指標となります。

❿ 広告費に対して得られた利益 (ROI：Return On Investment)

ROIは、投資収益率や投資利益率とも呼ばれ、投資でどれだけ利益を上げたのかを把握するための指標です。なお、このROIの数値が高ければ高いほど、うまく広告に投資ができているといえます。

広告運用で重要な３つの数字指標

インターネット広告で、常に意識しておくべき３つの数字指標があります。

▼ インターネット広告で常に意識すべき３つの数字指標

1 件成約ごとに、10,000 円の売上が出る商材を 月に 50 件 販売したい

↓

1 件ごとに、3,500 円の利益が欲しいとすると、
使える広告費は 10,000－3,500＝ 6,500 円

> 確保する利益金額を決めておくと
> 損益分岐点を決められる
>
> 広告費 6,500 円以下で黒字
> 広告費 6,500 円以上で赤字

↓

❶CPA＝顧客獲得単価		❷目標 CV 数		❸予算の目安
1件あたりいくらまで使って良いのか？	×	月に何件獲得することが目標なのか？	＝	月に最低限どのくらいの予算が必要なのか？
6,500円		**50件**		**325,000円**

> ❶ 1件あたりいくらまで使って良いのか？（CPA）
> ❷ 月に何件獲得することが目標なのか？（目標CV数）
> ❸ 最低限の予算はいくら必要なのか？（予算）

　例えば、1件売れると1万円の売上となる商材があったとします。

　その商材を広告を使って販売するとして、1件あたり3,500円の利益が欲しいとすると、顧客獲得単価（CPA）は6,500円になります。

　そのため、月に50件獲得するつもりなら、予算は325,000円必要ということになります。広告予算を決めたり、商材の損益分岐点を設定する際は、基本的にこれらの数値指標で考えると良いでしょう。

　ちなみに、成約率（CVR）の目安に関しては、ビジネスのジャンルや顧客単価によって異なりますが、通販系なら3％前後、無料の問い合わせや相談系なら5％前後を目安に設定するケースが多いです。逆に商品名やサービス名などのキーワードから流入する場合は、CVRが10％を超えることも珍しくありません。

　いずれにせよ、広告運用に取り組む際には、まずこの❶〜❸を決めるというのが先決です。これらを決めずにただ何となく運用を始めてしまうと、目指すべき数値目標がない状態で進んでしまうので、注意しましょう。

3 インターネット広告のプロダクト (Google広告・Yahoo!広告・SNS広告)

代表的なインターネット広告のプラットフォームにて、どのような広告プロダクト（広告配信手法）が用意されているのかを見てみましょう。
各広告がどのような仕組みで配信されているのかを知ることで、制作したLPが表示されるメカニズムを把握することができます。

Google広告の主な配信プロダクト（配信手法）

Google広告は、世界最大の検索エンジンであるGoogleが提供する広告プラットフォームです。

ユーザーがGoogleでキーワードを検索した際に、検索結果ページの上部または下部に表示される検索広告や、Googleのディスプレイネットワークに属する数百万のウェブサイトやアプリ上に表示されるディスプレイ広告、YouTube上で表示される動画広告などが代表的なプロダクトです。

キーワード、地域、デバイスタイプ、言語、日時など多岐にわたるターゲティング設定が可能です。

ユーザーの興味や趣味、家族構成、過去の検索行動、さらにはデモグラフィック情報を基にしたターゲティングを行うこともできます。

ライバルの多いキーワードや業界では、広告のクリック単価が高騰し、競争が非常に激しくなることがあります。

それでも作成したLPを出稿するプラットフォームとしては最も優先順位が高い媒体となります。

▼ Google広告が提供している広告配信プロダクト（広告配信手法） 2024年5月現在

参照:https://ads.google.com/intl/ja_jp/home/

① 検索広告

Googleの検索結果ページに表示されるテキストベースの広告で、ユーザーの検索語句に関連する商品やサービスを宣伝する。キーワードに基づいたターゲティングで、高い関連性とタイミングで訴求できる

② P-MAX広告

複数のGoogle広告チャネル（検索、ディスプレイ、YouTubeなど）を跨いでキャンペーンを自動で最適化し、広告主のリード獲得、オンライン販売などを達成するための広告。AIを活用して広告のパフォーマンスを最大化する

③ ディスプレイ広告

Googleディスプレイネットワーク上のウェブサイトやアプリに表示されるビジュアル広告で、テキスト、画像など様々なフォーマットで提供される。ユーザーの興味や趣味、ウェブサイトのコンテンツなどに基づいてターゲティングされる

④ ショッピング広告

ショッピング広告は商品の画像、価格、店舗名などを含む広告で、主にGoogleショッピングタブや検索結果ページに表示する。オンラインショッピングを促進することを目的とし、商品の視認性を高めることができる

⑤ 動画広告

動画広告はYouTubeやGoogleディスプレイネットワーク上で表示される動画広告で、ブランドの認知度向上や商品の宣伝などに利用される。視聴者の関心や以前の検索履歴に基づいて配信される

⑥ アプリ広告

アプリ広告はGoogleの様々なプラットフォームを通じて、モバイルアプリのインストールやアプリ内行動を促進する広告。AIによる最適化で広告キャンペーンが運営され、適切なユーザーにリーチできる

⑦ スマート広告

スマート広告（スマートアシストCampaign）では、指定の予算内で関連性の高いより多くのユーザーにリーチ可能。さらに高度な広告テクノロジーによって、簡単な設定で目的に合わせた広告も作成でき、ビジネス目標に合わせた結果を得ることができる

⑧ デマンドジェネレーション広告

Googleの中で人気が高く娯楽性のタッチポイントである動画視聴やフィードを見ているユーザーにアピールする広告。YouTubeやYouTubeショート、Discover、Gmailで新規顧客にリーチし、需要の創出を狙える

ちなみに、Yahoo!広告の検索広告は、管理画面や項目名、細かな配信方法で違いはありますが、基本的な機能はGoogle広告とほぼ同じです。

ただ一方で、Yahoo!のディスプレイ広告は Yahoo!独自仕様のアルゴリズムが使われているため、ディスプレイ広告に関してはGoogle広告と異なる部分が多いことを押さえておきましょう。

Meta広告の主な配信プロダクト（配信手法）

SNS広告で最も代表的なプラットフォームのひとつがMeta広告です。

Meta広告はFacebookとInstagramに広告を配信するプラットフォームで、画像広告や動画広告、カルーセル広告、ストーリーズ広告、リール広告などの配信プロダクトが用意されています。

Meta広告の大きな特徴の一つは、非常に高度なターゲティング機能です。

年齢、性別、興味・関心、地域、行動パターンなど、細かいユーザー属性に基づいてターゲットを絞り込むことができる他、類似オーディエンスなどMeta広告独自のターゲティング設定を行うことができます。

▼ **Meta広告(Facebook・Instagram) が提供している広告配信プロダクト(広告配信種表)**

❶ 写真広告

広告を見た人を、高品質で魅力的なビジュアルによってリンク先のウェブサイトやアプリに誘導できるよう、写真を使ったストック写真で広告を作成したりして、メッセージ性を加えましょう。

❷ 動画広告

商品の特長を強調して紹介したり、動きと音声で注目を集めたりできます。作成済みの動画をアップロードするか、広告マネージャの動画編集ツールで動画を作成しましょう

❸ カルーセル広告

ひとつの広告で最大10点の画像や動画を表示し、それぞれに別のリンクを付けられます。カルーセル広告を使うと、同じ商品のさまざまな画像を表示したり、スワイプできる複数の写真を作成したりできます

❹ コレクション広告

広告を見る人に合わせて商品カタログのアイテムを表示し、ショッピングを促しましょう。ダイナミックなオプションを使い、商品をさまざまな方法で表示できます

❶ 写真広告

主な配信面 Facebookフィード/Instagramフィード

写真広告は、シングル画像とフッター(任意)を使って商品やサービス、ブランドを紹介する宣伝方法。写真広告は、Facebook、Messenger、Instagram、Audience Networkといった複数の配置に表示される。配置とフッターの有無に応じて複数のアスペクト比に対応。基本的に利用者はフィードを見るのに時間をかけない。特にモバイルデバイスではその傾向が強いため、様々な画像を試しながら利用者の注意を引く方法を検討する必要がある

❷ 動画広告

主な配信面 Facebookリール/Instagramリール・ストーリーズ

動画広告は、利用者がFacebookで過ごす時間の約半分を動画が占めているフィード、ストーリーズ、リールなどのソーシャル動画広告フォーマット、またはインストリーム広告が表示されるオンライン動画コンテンツなどを使って、利用者にリーチする広告。例えば、没入感のあるフォーマットとして一般的に使われているInstagramストーリーズを使えば、ビジネスを生き生きと伝えることや、スタンプや絵文字などのクリエイティブ要素を追加することもできる

❸ カルーセル広告

主な配信面 Facebookフィード・リール/Instagram
フィード・リール・ストーリーズ

カルーセル広告は、Facebook上で
ユーザーが左右にスクロールして
複数の画像や動画を見ることがで
きる広告形式。このタイプの広告
は、複数の製品を紹介したり、一つ
の製品やサービスの異なる特徴を
段階的に示したりするのに適して
いる。ユーザーが各カルーセルカー
ドに興味を持つと、詳細を見るた
めにクリックやタップを促すこと
ができる

❹ コレクション広告

主な配信面 Facebookフィード・リール/Instagram
リール・ストーリーズ

コレクション広告は、Facebookのフィー
ド内で魅力的な広告体験の提供を目的
としている。この広告形式では、カバー画像
または動画の下に複数の製品画像が表
示され、ユーザーが広告をタップすると、
フルスクリーンのキャンバスが開き、より
詳細な情報を提供する。このインスタン
トエクスペリエンスは、特にモバイルユー
ザーに対して、製品の探索から購入まで
のプロセスをシームレスにすることを目
指す

ただ、昨今のプライバシーの問題により、これまでのユーザーの行動履歴を追う
ためのデータを収集していたサードパーティーCookieが廃止される予定のため、
今後のMeta広告の動向には注意しておくべきです。

その他の広告のプロダクトも事前に調べておこう

ここでは全て紹介し切れませんが、その他にもX広告、Pinterest広告、TikTok
広告など様々なSNS広告、スマートニュース、グノシーなどその他のアドネット
ワーク関連、ここ数年で支持を得たMicrosoft広告など、次々と世の中には新し
い広告プラットフォームが登場しています。

LP制作に関わる上で、どのようなプラットフォームからどのような配信手法(プ
ロダクト)で広告が配信されているのかについて知っておくことは、LPの完成度を
高めていく上でとても大切な視点です。

ユーザーがLPに訪問する上で、最初の接点となる広告配信の仕組みについて、
今後もぜひ最新情報をキャッチアップしていきましょう。

※本掲載情報は2024年5月現在のものとなります。

4 インターネット広告の分類 （顕在層・潜在層）

インターネット広告の配信手法（＝プロダクト）を紹介しましたが、どのプロダクトを使って集客販売するのかは、狙うターゲット層によって変わります。そこでターゲット層を潜在層と顕在層に分け、それぞれのユーザーに対してどの広告プロダクトが有効とされているのか整理していきましょう。

広告プロダクトは潜在層と顕在層で使い分ける

　代表的なインターネット広告の配信手法（＝プロダクト）を紹介しましたが、具体的にどのプロダクトでLPを配信していくべきなのか、作戦を立てる上で重要となるのが顕在層と潜在層という考え方です。

▼ 顕在層と潜在層の特徴

顕在層（今すぐ客）	潜在層（そのうち客）

○○を解決したい！
○○がどうしても欲しい！
○○の悩みを解消したい！

検索して調べてみよう

○○が気になってるけど…
まあ別に後でいいか…。
（○○を解決できる商品が実はあることを知らない）

調べるの面倒だし後でいっか…

☑ すでに○○という商品が欲しいというニーズを自覚している状態のユーザー

☑ 求めている商品を探したり購入するなどニーズを満たす行動をネット上で行う

☑ 主に検索広告などで流入するユーザー

※すでに商品を熟知している客や既存客もここに含まれる

☑ 悩みを持っていても、特に解決方法を探したり、求めていない状態のユーザー

☑ 商品を知ることで、こんな解決方法があったのかと購入する可能性がある

☑ 主にSNS広告などで流入するユーザー

※競合の商品を利用しているが、自社の商品を知らない客も含まれる

顕在層（今すぐ客）とは、すでに欲しい商品やサービスが決まっていて、購入を検討している段階のターゲット層を指します。

潜在客（そのうち客）とは、日常的に解決したい悩みや欲求はあるものの、具体的にそれらを解決できる商品やサービスの存在自体を知らない段階のターゲット層を指します。

右の図のように、潜在層のマーケットのほうが顕在層よりも基本的には大きいです。

両者の違いを理解しておくことで、狙っているターゲットに対してどの広告プロダクトが最適なのか判断できるようになります。

▼ 顕在層と潜在層の比率

顕在層（今すぐ客）
マーケットサイズ小さい
検索して調べてみよう
顕在層5%

調べるの面倒だし後でいっか…
潜在層（そのうち客）
マーケットサイズ大きい
潜在層95%

▼ 狙うターゲット層別に効果的な広告プロダクトを選択しよう

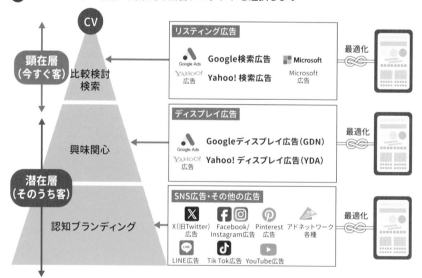

どのターゲットを狙う LP なのかによって
最適な広告プロダクトは異なる！

顕在層には検索広告（リスティング広告）が最適

　顕在層は「今すぐ〇〇を解決したい」といった欲求を持っているため、検索キーワードに応じて、解決策を提示するLPに流入させた方が成約率は高くなります。よって、顕在層に向けて広告を配信したいのであれば、基本的にGoogle検索広告やYahoo!検索広告などが最適となるでしょう。

　また、中には超顕在層と呼ばれるような、会社や商品の固有名詞で積極的に検索をするユーザーもいます。

　そういったユーザーにしっかりと自社の広告が検索結果の上位に表示されるようにするといった工夫も大切です。

潜在層にはバナー広告やSNS広告が最適

　潜在層は、強い欲求はないものの、ぼんやりとした悩みを抱えています。

　そうした層には、Googleディスプレイ広告やYahoo!ディスプレイ広告などのバナー広告や、Meta広告やInstagram広告、YouTube広告といったSNS広告を使うのが一般的な考え方です。

　特定の分野に興味関心を持つユーザーに対して、彼らが日常的に閲覧するサイトやブログ、SNSのフィードやストーリーズ、ショート動画の合間に自社の広告を配信することで、資料請求や無料登録といったアクションを引き起こすことができます。

　潜在層向けのLPの切り口や内容に関しては、顕在層向けのセールス要素が強いものをそのまま流用してもうまくはいきません。

　第4章で学んだOATHの法則などLPライティングの観点を活かしながら、潜在層の心理状況に合わせて最適なLPを用意するように努めましょう。

　その他にも、GoogleのP-MAX広告のように、キャンペーンをひとつ設定するだけで、顕在層にも潜在層の両方に狙って広告を配信できる機能なども用意されています。

　こうした横断的な広告プロダクトを使いこなすには、ある程度の広告運用経験と豊富な予算が必要になります。

　よって最初の段階では個別の広告プロダクトを使い分けることでターゲットを絞っていく方が、その後の運用や改善に取り組みやすいでしょう。

5 インターネット広告のスタート戦略（低予算・小規模事業者向け）

もし、低予算で小規模の事業主がこれから初めて広告出稿を行う場合、どの広告から手をつければ良いのか悩むと思います。そこで基本となるスタート戦略の一例をご紹介します。

最初の広告は、Google検索広告とMeta広告がおすすめ

もし使い切れないほどの潤沢な予算や、訴求力の高いLPやバナーを数多く作り出せる優秀なデザインチームが身近にいるのであれば、別にどの広告からスタートしても大きな問題はありません。

しかし、初めてLPを制作して広告経由の集客に取り組む中小企業や個人事業の方々が、いきなり広告費を月100万以上使えるケースは、私の知る限り極めて稀です。まずは月10〜20万程度の広告費でひとまず様子を見たいというニーズは多いのではないでしょうか。

結論から言うと、低予算・小規模事業者が最初に手をつけるべき広告は、Google検索広告とMeta広告の2つだと私は考えています。将来的に他の広告プロダクトに手を出すにしても、まずはこれらの広告運用に取り組むことで、自社のLPがどのような形で配信されるのかイメージを掴むことができるからです。

顕在層を狙うならまず、Google検索広告から始める

顕在層は、既にある程度のニーズや関心があり、購入や利用に向けた具体的な行動を起こそうとしている人がターゲット層だと前回学びました。この顕在層を狙う最も効果的な手段の一つが、Google検索広告です。

昨今のGoogle検索広告はキーワードによって競合が非常に強く、新規参入者がいきなりビックキーワードで出稿しようとしても、広告費が高騰してしまうため最初に手を出しづらい印象があります。

▼ インターネット広告のスタート設計戦略（参考例）

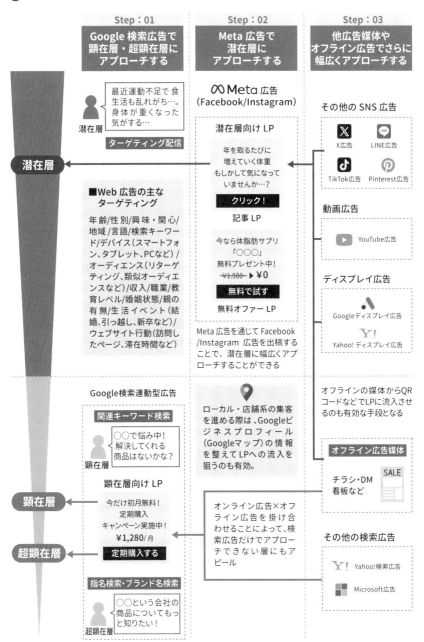

Step：01
Google検索広告で顕在層・超顕在層にアプローチする

Step：02
Meta広告で潜在層にアプローチする

Step：03
他広告媒体やオフライン広告でさらに幅広くアプローチする

潜在層

最近運動不足で食生活も乱れがち…。身体が重くなった気がする…

潜在層

ターゲティング配信

∞Meta広告
（Facebook/Instagram）

潜在層向けLP

年を取るたびに増えていく体重もしかして気になっていませんか…？

クリック！

記事LP

今なら体脂肪サプリ「〇〇〇」無料プレゼント中！
~~¥1,900~~ ▶ ¥0

無料で試す

無料オファーLP

Meta広告を通じてFacebook/Instagram広告を出稿することで、潜在層に幅広くアプローチすることができる

■Web広告の主なターゲティング

年齢/性別/興味・関心/地域/言語/検索キーワード/デバイス（スマートフォン、タブレット、PCなど）/オーディエンス（リターゲティング、類似オーディエンスなど）/収入/職業/教育レベル/婚姻状態/親の有無/生活イベント（結婚、引っ越し、新卒など）/ウェブサイト行動（訪問したページ、滞在時間など）

その他のSNS広告

X広告　LINE広告
TikTok広告　Pinterest広告

動画広告

YouTube広告

ディスプレイ広告

Googleディスプレイ広告
Yahoo!ディスプレイ広告

Google検索連動型広告

関連キーワード検索

〇〇で悩み中！解決してくれる商品はないかな？

顕在層

顕在層向けLP

今だけ初月無料！定期購入キャンペーン実施中！
¥1,280/月

定期購入する

指名検索・ブランド名検索

〇〇という会社の商品についてもっと知りたい！

超顕在層

ローカル・店舗系の集客を進める際は、Googleビジネスプロフィール（Googleマップ）の情報を整えてLPへの流入を狙うのも有効。

オンライン広告×オフライン広告を掛け合わせることによって、検索広告だけでアプローチできない層にもアピール

顕在層

超顕在層

オフラインの媒体からQRコードなどでLPに流入させるのも有効な手段となる

オフライン広告媒体

チラシ・DM看板など　SALE

その他の検索広告

Yahoo!検索広告
Microsoft広告

例えば次のように、Google広告の細かな設定やターゲティングを工夫すれば、配信ボリュームは少なくなるものの、十分な広告効果を期待することができます。

- 検索キーワードのマッチタイプ（完全一致・部分一致・フレーズ一致）を調整する
- 配信するデバイス、配信地域、配信スケジュールなどを調整する

このように、低予算で継続的に出稿できる方法やノウハウは調べるとたくさん出てきますので、それぞれの事情に合わせてうまく運用してみてください。

潜在層を狙うならまず、Meta広告から始める

潜在層は、特定の製品やサービスに対して直接的な関心やニーズをまだ持っていませんが、将来的に関心を持つ可能性がある層です。そしてこの層に効率的にアプローチできるのがMeta広告（Facebook、Instagram）です。

Google検索広告で競合が強い場合や、アプローチする顧客の幅を広げたい際に検討するべき広告となります。

ただ、顕在層向けの検索広告で使っているLPをそのままMeta広告に使い回しても、そもそもターゲットが置かれているステージが異なるため、Meta広告に出稿する際にはまた違った切り口のLPを用意する必要があります。

例えば、無料動画や無料サンプルといった無料提供型コンテンツや、お役立ちコンテンツなどユーザーに有益な情報を配信するLPを用意して、実際に商品をセールスする前にその価値を知ってもらう内容を提供するように工夫しましょう。

オンラインとオフラインの広告を掛け合わせる

広告活動をスタートする上で、まず顕在層をGoogle検索広告、潜在層をMeta広告で狙っていく戦略について紹介しました。そこにオフライン媒体での集客（チラシ・DMなど）を組み合わせて、より複合的に集客を行うことができます。

チラシから顕在客向けのLPに流入させたり、DMから潜在客向けのコンテンツをダウンロードさせたりするなど、最終的に売上と利益につながるLPさえ用意しておけば、後は流入数を増やすことに集中できるようになります。

そのため、自社で広告運用を内製化したり、外部に運用を代行してもらう際には、まずGoogle検索広告とMeta広告の運用からスタートすると、スムーズに集客を展開することができるでしょう。

6 インターネット広告の配信形式

ここでは前節で挙げたGoogle検索広告とMeta広告が、実際にどのような形で広告配信されるかを見てみましょう。ユーザーが広告を見た際にどんな心理状態でクリックするのか、イメージを掴むことができます。広告とLPの整合性を取るために必要な全体最適の視点を養いましょう。

広告配信面の形式や特徴を知りLPとの整合性を向上させる

　LP制作の現場において、広告運用担当者が配信の仕組みを熟知していても、実際にLPデザインを担当するWebデザイナーが、どのような形で広告が配信されるのか把握してないと、広告とその飛び先のLPとの間に一貫性や整合性を生み出しにくくなります。そこで各広告の配信画面を少し確認しておきましょう。

❶ Google検索広告の広告配信面

　Google検索広告はテキスト中心の広告となりますが、シンプルな見た目に反して、設定項目は多岐に渡ります。メインとなる見出しや説明文の他、ビジネスのロゴや電話番号など様々な情報によって構成されていることが理解できます。

　もし、検索広告で出稿するLPを制作するのであれば、以下の点に注意して制作を行うと良いでしょう。

- **広告見出しとLPのファーストビューエリアのキャッチコピーを一致させる（離脱防止）**
- **広告で表記しているビジネスの名前をLPの情報と一致させる（信用獲得）**
- **広告で表記している住所や電話番号を一致させる（広告の品質向上）**

　ちなみにGoogle広告には、品質スコアという広告の質を評価する指標があります。その中に、ランディングページの利便性という項目があり、このスコアの点数を上げるためにも、広告とLPの情報は可能な限り一致させておくべきです。

▼ Google 検索広告の配信設定と配信面

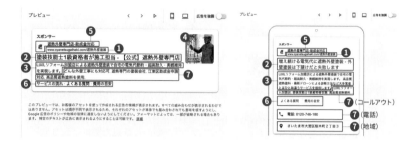

このプレビューでは、お客様のアセットを使って作成される広告の情報が表示されるわけではありません。アセットは順序不同で表示されるため、それぞれのアセットが単独でも組み合わされても意味を成すようにしてください。Google 広告のポリシーや地域の法律に違反しないようにしてください。フォーマットによっては、一部が省略される場合があります。特定のテキストが広告に表示されるようにすることは可能です。詳細

❶ 最終ページURL（表示させるLP）

最終的にアクセスさせるページ（LP）を設定する。なお、URLのパス名は自由に設定できる

❷ 広告見出し

広告見出しを15個まで設定できる。最も効果が高い見出しをGoogleが組み合わせて配信してくれる

❸ 説明文

見出し直後の説明文を4つまで設定できる。説明文もGoogleが最適な組み合わせを探りながら配信する

❹ 画像

検索広告でも画像が表示される場合があるためビジネスの内容に最適な画像をアップしておく

❺ ビジネスの名前・ロゴ

ファビコンや会社名の表示を設定できる。見出しや説明文との整合性を取るようにセットする

❻ サイトリンク

トップページ以外のリンクを設定して直接そのページにアクセスできるように設定できる

❼ その他の設定（電話・コールアウトなど）

その他のオプションとして価格表示や電話番号、コールアウト（短いキャッチフレーズ）を追加できる

❽ その他の設定（構造化スニペットなど）

その他構造化スニペット（商材の特定の側面を強調）やリードフォームなども設定できる

※Google広告の配信設定画面を項目ごとにバラバラにして作成した図解となります

※どのような広告を見てユーザはLPに流入するのかを常にイメージしてLPデザインを考えると良いでしょう

※2024年5月現在の画面

❷ Meta広告の広告配信面

▼ Meta広告の配信設定と配信面

Facebook広告の配信イメージ

Instagram広告の配信イメージ

❶ 広告名 ※表示されない

広告の名前を編集できる。実際の広告には表示されない

❷ 広告に表示する名前

配信の際、アカウント名のエリアに表示される名前。事前に用意したFacebookページの名前が表示される

❺ クリエイティブ

実際に配信するクリエイティブ（バナー）、メインテキスト、見出し、説明文、CTAの文言などを設定できる

❸ 広告設定

広告メディアのクリエイティブソースやフォーマットの各種設定を行うことができる

❹ リンク先

広告から流入させるページ（LP）を設定できる。広告上に表示させるリンクを設定することもできる

Meta広告の特徴的な点は、1つの配信画面でFacebookとInstagramの両方に広告を配信できる点です。そのため、事前に両者の媒体で指定されたサイズのバナーを用意しておくことが求められます。

Google検索広告と比較すると、そこまで設定項目の幅は大きくありませんが、検索広告が顕在層（今すぐ客）を狙っているのに対し、Meta広告は潜在層（そのうち客）を狙う広告のため、バナーのデザインや見出しによってクリック率が大きく変わってきます。

もし、Meta広告をメインで使用するLPを制作する場合は、次の点に注意しましょう。

- **セールスに特化したLPではなく、無料体験や無料コンテンツなどオプトインLP系を中心に用意する（潜在層に興味関心を抱かせる目的のLPを作る）**
- **バナーデザインとLPのファーストビューはできる限り一貫性を持たせて違和感をなくす**
- **審査によって配信停止やアカウント停止の可能性があるため、社会的に極端な表現はやめる**

7 インターネット広告の
バナーデザイン

ネット広告に出稿する上で、各媒体が指定するサイズのバナー画像が必要となります。そのLPの玄関口となるバナーについて、どのようなデザインを用意すればよいのか効率的な制作のポイントをお伝えします。

バナー制作を効率的かつ効果的に進めるポイントとは？

インターネット広告の現場において、バナー制作は切っても切れない存在です。作成したバナーは主に、Meta広告（Facebook/Instagram）やGoogleディスプレイ広告などで配信することになります。LPとの関連性がなかったり、不適切な文言が掲載されていると審査に通らない可能性もあります。

ポイント❶ 最適なサイズを把握してデザインする

まず、効率的にバナーを作るポイントは、事前に各広告プロダクトで必要となるバナーサイズを把握しておくことです。

広告を全く知らないデザイナーだとサイズを把握していないケースも多いため、あらかじめ登録可能なサイズやファイル形式などを指示しておくことで、制作スピードを上げることができます。

また、単にバナーとは言っても、具体的にどのようなデザインが良いのか、最適な表現は広告プロダクトごとによって異なることも注意が必要です。

例えば、Googleレスポンシブディスプレイ広告（通称：RDA）では、事前に入力したテキストをバナーと自動的に組み合わせて表示するため、バナー内のテキスト表示は控えめにした方が見栄えが良くなるケースなどがあります。

他にも、Instagramストーリーズに出稿するためのバナーの場合、下部に自動表示されるリンクボタンに重要な情報が被らないように留意しなければいけません。

このように、各広告プロダクトのバナー表示結果を把握して、留意すべき点をデザイナーにあらかじめ共有しておくことで、効率的なバナー制作が可能となります。

▼ 広告媒体での指定サイズ　※単位はpx（ピクセル）

Facebook・Instagram 広告用バナー

ストーリー用バナー
1080×1920

フィード用バナー
1080×1080

作成したLP

ホームページ用バナー

HP掲載用バナー
1000×200

Googleレスポンシブディスプレイ 広告用バナー

ロゴ（スクエア）1200×1200

画像（横長）1200×628

ロゴ（横長）1200×300

画像（スクエア）1200×1200

バナー画像
160×600

バナー画像 468×60

バナー画像 728×90

バナー画像
320×50

バナー画像
320×100

バナー画像 300×250

バナー画像 336×280

ポイント❷　ユーザーの意識に入り込むデザインを追求する

　バナーデザインの最大の目的は、別のことを考えているユーザーの意識の中に入り込んで認知またはクリックさせることです。

　バナーを使うMeta広告やディスプレイ広告は、基本的に潜在層向けの広告プロダクトのため、ユーザーは私たちが作ったバナーやLPを直接、見に来ているわけではありません。

　あくまで、別の情報を探していたり、ネットサーフィンをしている状況の中で、偶然に近い形で私たちの配信している広告バナーに遭遇するわけです。

▼ ユーザーの目に留まるようにバナーデザインを工夫する

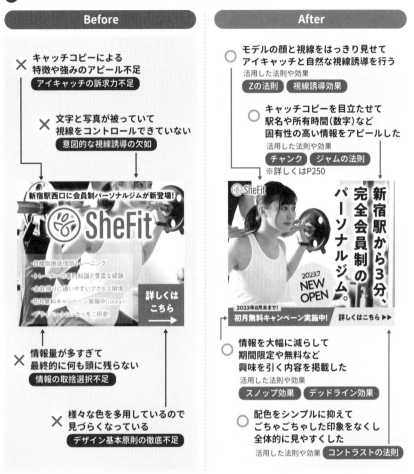

そのため、ユーザーがページ内のバナーを見たらふと目が留まり、そのまま興味関心を引き出されてLPに訪問してもらう、もしくは訪問されなくても存在自体を認識してもらうことが、バナーデザインではとても重要となります。

バナーデザインを考える際には、LPとの整合性を確認しつつ、目を引くためのキャッチフレーズや、固有性の高い優先情報（住所や駅名など）をバランスよく配置しながら作成していきましょう。

8 インターネット広告の 運用改善 (LPO)

LPO とは、ランディングページ最適化のことで、本書を手に取る方であれば、一度は必ず聞いたことのある用語だと思います。そこで改めて LPO の代表的な実施方法とチェック項目について簡単にまとめていきます。

LPO とは？

LPO (Landing Page Optimization= ランディングページ最適化) とは、ユーザーが訪問する LP を改善して、コンバージョン率を向上させるための手法のことです。

例えば、訴求の切り口やデザインのトンマナが異なるページを複数作成してテストしながら効果の高いものを残していったり、サイト訪問者の属性や行動履歴に基づいて LP の表示を分けるといった手法が代表的です。

LPO についてはどこかで学んだことがあるかもしれませんが、本書でも広告運用における代表的な LPO の実施方法やチェックすべき項目を改めて整理しておきましょう。

LPO の具体的な実施方法

LPO の実施方法は、大きく分けて以下の 3 つになります。

❶ A/B テスト (スプリットテスト)

A/B テストとは、2 つの LP を同時にテスト運用し、どちらがより高いコンバージョン率を達成するかを比較するものです。異なるファーストビュー、見出し、画像、CTA ボタンなどを用意しながら比較検証していきます。

❷ 多変量テスト（マルチバリエイトテスト）

多変量テストと呼ばれる、A/BテストよりもさらにLP内の複数項目を変更し、全てをテストしながら数十〜数百万通りの組合せの中から最適なLPを見つける方法があります。

A/Bテストよりも多くの変数を同時に検証できますが、その分得られるデータが複雑になり、より多くのトラフィックを集める広告費も必要になってきます。

❸ パーソナライゼーション（ターゲティング）

パーソナライゼーションとは、地域、行動、関心、過去の閲覧履歴や実店舗での購入商品情報、閲覧デバイス、閲覧環境などに応じてLPを見せるユーザーを変える実施方法です。

上記の2つのテストと組み合わせて実施するものとなります。

▼ LPOの概要

LPO	Landing Page Optimization＝ランディングページ最適化

ユーザーが訪問するLPを最適化してコンバージョン率を向上させるための施策・手法

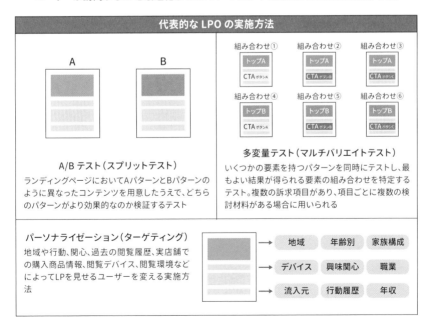

代表的な LPO の実施方法

A/Bテスト（スプリットテスト）
ランディングページにおいてAパターンとBパターンのように異なったコンテンツを用意したうえで、どちらのパターンがより効果的なのか検証するテスト

多変量テスト（マルチバリエイトテスト）
いくつかの要素を持つパターンを同時にテストし、最もよい結果が得られる要素の組み合わせを特定するテスト。複数の訴求項目があり、項目ごとに複数の検討材料がある場合に用いられる

パーソナライゼーション（ターゲティング）
地域や行動、関心、過去の閲覧履歴、実店舗での購入商品情報、閲覧デバイス、閲覧環境などによってLPを見せるユーザーを変える実施方法

地域　年齢別　家族構成
デバイス　興味関心　職業
流入元　行動履歴　年収

LPOを通じてチェックする主な項目

　LPOを実践するに当たって、事前にチェックすべき項目は数多く存在しており、業界業種やLPデザインのトンマナに応じて、どの部分を仮説検証しながら改善していくのかは異なります。

▼ テストを実施する上での考え方や優先的に改善する項目

インパクトファースト	目標（KPI）とデータを照らし合わせて、もっとも影響が大きいと思われる部分を改善する

ファーストビュー
・キャッチコピー
・写真素材
・訴求ポイントの文章

CTA（ボタン）
・ボタンのテキスト
・ボタンの色とサイズ
・ボタンの位置

ボディ（本体）部分
・コンテンツの構成
・お客様の声・証言
・特徴やメリットの強調

フォーム
・フォームの長さと項目
・フォーム入力補助
・エラーメッセージの明確さ

コンテンツ（文章・画像）
・文章のクリアさと簡潔さ
・画像やイラストの関連性
・デザインのインパクト

広告バナー
・バナーのデザイン
・広告文の魅力
・配置とサイズ

　そこで最も優先度の高い順位にLPOのチェック項目を挙げると、次のようなものが挙げられます。

- **ファーストビューが最適であるか確認**
- **ページの読み込み速度が遅くないか確認**
- **コンテンツ内容の精査**
- **デザインの最適化**
- **CTAの最適化**
- **スマホに対応しているか確認**

　LPOに関する知見や実際の事例などについて、本書ではすべて紹介できませんが、広告運用会社のセミナーなどで情報収集するなど積極的に研究を続けていくと良いでしょう。

第7章

改善にも使える！
LP制作 エリア別
デザインテクニック

LPには、エリアごとにそれぞれの役割があります。その役割を最大限に発揮するためのデザインテクニックについて、この章では学んでいきましょう。また、LPを改善する際にも、エリアごとの役割が果たされているかチェックすることは重要です。

1 信頼性を高める ヘッダーエリア

ここまでLP制作について、マーケティング・ライティング・デザイン・広告という4つの視点から学んできました。まとめとして、それらの学びを統合しながら具体的にエリアに分けて、LP制作の原理原則をビフォー＆アフター形式で解説します。最初はLPのヘッダーから始めていきましょう。

ヘッダーエリアの役割は、自己開示と信頼性の担保

本書におけるLPのヘッダーの定義は、ロゴや電話番号、問い合わせボタンなど、ユーザーがページを開いた直後に一番上部に表示されるエリアです。

デザインの領域がかなり狭く、多くの情報を詰め込むこともできないため、つい適当に済ませてしまいがちなエリアですが、LPを閲覧したユーザーであれば必ず目に入るエリアのため、スペースの無駄使いは禁物です。

ヘッダーエリアをうまくデザインすることで、これからLPを通じて商材の説明を始める上で、自社の自己開示と信頼性の担保を実現することができます。

そこで具体的にヘッダーエリアのデザインをどのように施すべきなのか、いくつかテクニックを紹介します。

テクニック❶ ロゴは左上に表示して社名やサービス名を認知させる

広告経由でLPに着地したユーザーに対して、LP制作側の私たちが真っ先に考えなければいけないことは、LPの情報提供主が架空の存在ではなく、実際に活動している会社や人物だと認識させることです。

まずはユーザーが抱く警戒心を解かない限り、どれだけ有益な情報が掲載されていようが、途中で離脱されるか最後まで疑心暗鬼の状態で読み進めてしまうことになります。

▼ ロゴの工夫

↓

会社名ではなく、商材の内容が直接的に理解できるサービス名などが効果的

▼ LPデザインにおけるヘッダーエリアの役割

ヘッダーエリアとは？	一般的なLPデザインにおいて、ヘッダー画像の上部に位置し、ロゴや電話番号といったメニュー項目を配置するエリアを指す

役割❶ 自己開示

LPの情報提供者が何者であるのか、どのような情報を提示するのか、直観的に読者に開示することで、LPの掲載情報に対する警戒心を解く

役割❷ 信頼性の担保

情報提供主の屋号やサービス名、個人情報を開示することで、LPに訪問したユーザーの懐疑心を解くと同時に、虚偽の情報ではないという信頼感を与える

効果的なヘッダーエリアのLPデザイン事例

Before

× ヘッダーエリアに会社のロゴを単純に使用するだけではユーザーがLPの掲載内容を直観的に把握できない

× HPのようにページを格納するとキャンペーンや連絡方法、オファーなどが不明瞭になる

After

○ LPの掲載情報やサービス内容を直観的に把握できるロゴなどを配置して、ユーザーの不信感を解く

○ 電話番号を記載しておくことで実在する情報発信者と認識され信用を得ることができる

○ LPのオファー内容をボタンで示しておくことで、ユーザーに対して、LPを読み進める上での前提（結局何が言いたいのか？）を与えることができる

第7章

この警戒心を解いてもらう方法の1つとして、ヘッダーの左上にロゴを表示して、正式な社名やサービス名を認識させることはとても効果的です。

　ロゴは商品の場合はブランドで使用しているロゴでも良いですし、もう少し直接的に商材内容を伝える場合は、サービス名をロゴにするなどして、公式に認められているものだと演出すると効果的です。

テクニック❷ 電話番号でユーザーに販売主の誠実さを与える

　他にも、ユーザーからの信頼を得るためのテクニックとしては、ヘッダー部分に電話番号を記載しておくのも効果的です。

　電話番号は各個人や事業主に与えられた固有情報のため、電話番号が掲載されているだけで、実在している販売主だとユーザーに無意識レベルで認知してもらうことができます。

　ちなみにこの電話番号と併せて、直下のファーストビュー内で住所や最寄り駅などの情報を掲載しておくことで、さらにユーザーの信用を得られます。

▼ 電話番号

電話番号は固有情報なので信頼獲得に効果的。フリーダイヤルの場合はロゴも一緒に掲載すべき

テクニック❸ 可能ならCVボタンを設置してオファー内容を提示する

　もしスペースに余裕があれば、ヘッダー内にCVボタンを設置するのもひとつの手です。

　問い合わせや予約など、オファー内容のボタンを先に提示しておくことで、そのオファーを前提とした上で、ファーストビュー以降のコンテンツを読み進んでもらうことができます。

　これはデザインの情報量やデバイスの横幅の問題で、ファーストビュー内にうまくCTAエリアが収まらない場合の保険としても有効です。

　LPのヘッダーはごく限られた狭いエリアですが、ファーストビューと合わせて、必ず閲覧ユーザーの目に入るエリアです。

▼ オファー内容

ヘッダー内にオファーを記載したCTAボタンを配置しておくと、ユーザーがLP全体の内容を理解しやすくなる

　そのエリアの目的と役割を理解して、適切なデザインを施すように工夫をしましょう。

2 | 続きを読ませるための ファーストビューエリア

LPにおけるファーストビューの役割は第2章でも解説しましたが、ここでは
より、具体的にどのようなレイアウトやデザインを行うべきなのか説明して
いきます。

■ ファーストビューの役割はユーザーに続きを読ませること

　どのようなファーストビューを構築すべきなのか、レイアウトやデザインといっ
た観点から意識すべきポイントを解説をしていきます。

　ファーストビューの方向性を効果的に定めることができれば、そのままLP制作
全体をスムーズに進めることも可能です。ぜひ参考にしてみてください。

- -

▼ LPデザインにおけるファーストビューエリアの役割

ファーストビューとは？	ユーザーがLPにアクセスした際に、一番最初に視野に入る冒頭部分のエリア。LPデザインの中でも最もコンバージョンに影響する重要なエリア

役割 **ファーストビューの続きを読んでもらうこと**

LPにおけるファーストビューの役割は多岐に渡るが、それらの役割は
最終的に、続きを確実に読んでもらうという最大の目的に帰結する。限
られたスペースでどのくらいのレベルの情報量を掲載するか、ユー
ザーが自分に関係があるページだと直観的に理解できるか、といった
点にフォーカスすべきである

▼ 効果的なファーストビューエリアのLPデザイン（例：老人ホーム紹介サービス）

Before	After

× 目線の動き（Fの法則）によって、最初に重要性の低い"架空人物の視覚情報"が認識されてしまう

× 対象となるユーザーが多いため、ユーザーに対して漠然とした刺さり方になっている

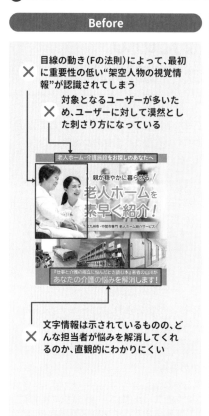

× 文字情報は示されているものの、どんな担当者が悩みを解消してくれるのか、直観的にわかりにくい

○ 視線の動きが開始する左上に地域名を配置することで、該当ユーザーにより刺さりやすくなる

○ レイアウトは左右型を採用して、キャッチコピーを左に配置することで重要性・優先度の高いユーザーへの訴求力UP

○ LPの情報や要点を集約したキーワードを3つ程度配置することでこれから説明するLPの内容に関する伏線を張ることができる

○ LPのユーザーに対して、情報発信者を具体的に示すことで、ユーザーの頭の中に、読み手と聞き手の構図を生じさせることができるため、その後の内容が理解しやすくなる

テクニック❶ レイアウトは3つのパターンから選択する

　画期的なアイディアが思い浮かばない限り、ファーストビューのレイアウトは以下の3パターンから選択するのがおすすめです。

❶左右型レイアウト

　左右型はLPのファーストビューにおいて最も基本的なレイアウトです。

　人間の視線が左から右に動く法則を利用して、文字情報と視覚情報をバランスよく配置することができます。目を引くキャッチコピーと合わせて、それに関連する写真やモチーフなどを用意するように心がけましょう。

▼ LPデザイン／ファーストビューの定番レイアウト❶ 左右型

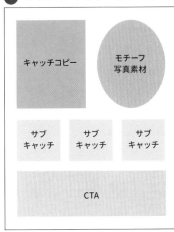

ファーストビューで最も基本的なレイアウトである左右型。人間の視線は左から右に動く法則を意識して、文字情報と視覚情報をバランスよく自然に見せることができる

❷上下型レイアウト

　上下型のレイアウトでは、文字情報を上部に、その下に視覚情報を配置していきます。

　例えば、文字情報が多くなりがちなセールスレターやモバイル特化型LPのようなケースにおいて、ユーザーに対してこちら側で意図した順番でより効率的に情報を取得してもらうことが可能となります。

▼ LPデザイン／ファーストビューの定番レイアウト❷ 上下型

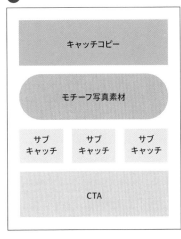

文字情報の多いセールスレターやスマホファーストのLPで主に用いられるレイアウト。キャッチコピーの情報量が多い場合や、スマホ画面の縦長デザインによく用いられる

❸挟み込み型レイアウト

　挟み込み型レイアウトは、人物写真モデルなど、オリジナルで訴求力の高い写真素材やモチーフがある場合などに有効なレイアウトです。

　写真を通じた視覚情報を印象に残すことができるため、よりインパクトの強いファーストビューを生み出すことが可能です。

- -

▼ LPデザイン／ファーストビューの定番レイアウト❸ 挟み込み型

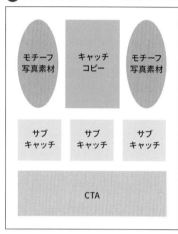

デザインに使用するモデルなどの写真素材が揃っている場合に有効なレイアウト。視覚情報を優先的に伝えることができるので、**インパクトのある表現が可能になる**

- -

テクニック❷ ターゲットが曖昧になるぐらいなら直接伝える

　効果的なファーストビューを生み出すテクニックの2つ目は、曖昧になるぐらいなら、最初からターゲットは上部に記載してしまうというものです。

　例えば、地域ターゲティングを想定している場合は、「○○にお住まいの方」、年齢ターゲティングを行う場合は「○○才以上の方」といったように、ファーストビュー内で単刀直入にターゲット層を記載しておくと良いでしょう。

▼ ターゲット設定

ターゲットを曖昧にしたくないのであれば直接ファーストビュー内に属性（地域・年齢・性別・悩みなど）記載しておくとよい

　なお、実際に出稿する広告の見出しと、このターゲット表記を合わせることによって、広告の品質の向上につながる相乗効果も期待できます。

テクニック③ 掲載情報を集約したキーワードを配置する

3つ目のテクニックは、LPに掲載している情報や要点を集約したキーワードを配置して、ユーザーがこれから読むLPの内容について伏線を張るというテクニックです。

例えば、メインのキャッチコピーの下に、相談無料や地域密着、創業25年といった商材の特徴や強みと

▼ 集約キーワード

LP全体を通じて伝えたい商材の特長やメリットをファーストビュー内にキーワードで配置しておくと短時間で理解しやすくなる

なるキーワードを配置するなどが代表的なデザイン例です。ファーストビューで、事前に伏線を張っておき、その伏線をボディ部分で丁寧に回収していくことで、LPの情報がユーザーの記憶に残りやすくなる効果が期待できます。

テクニック④ 話し手と聞き手の構図を明確に提示する

4つ目のテクニックは、LP全体の話し手と聞き手を明確に提示することです。

話し手は情報発信側であり、語り手はその情報を受け取る側となります。

このLPは誰が誰に対して語っているのか？という構図を、ファーストビューでユーザーに提示することが非常に大切です。

例えば、士業などのLPであれば、語り手となる代表者はどんな人物なのか、一方で、実際に聞き手となる悩みや不安を抱えているユーザー像をファーストビュー全体で示しておくことで、ユーザーがその先を読み進める上での対話構図を認識させることができます。

「誰が誰に何を語ろうとしているのか？」

▼ 話し手と聞き手の構図を提示

写真素材やイラストなどの選択に統一性を持たせることによって「誰がLPの話し手なのか？」「誰がLPの聞き手なのか？」を明確にするとわかりやすくなる

という対話構図（＝物語性）をファーストビューひとつで生み出すことは、ある意味LP制作の成否を分ける勝負の分かれ目ともいえます。時間の許す限り、様々な視点から魅力的なファーストビューを作り上げることができるように工夫を凝らしていきましょう。

3 | 安心して先に進める CTAエリアの作り方

CTAの役割や基本知識については第2章で解説しましたが、ここでは具体的にどのようなデザインにすべきなのか、効果的なテクニックをいくつか紹介していきましょう。

CTAエリアの役割は、安心して先に進める選択肢の提示

LP内において電話発信ボタンや予約申し込みボタンといったCTA（コールトゥアクション）は、ユーザーに対して次のステップを提示する選択肢といえます。

しかし、その選択肢の中身が直感的に理解できず、安心して先に進めないようなデザインになっているのだとしたら、コンバージョン率は大幅に低下してしまいます。

ゆえにCTAの役割とは、ユーザーが安心して先に進めるように適切な選択肢を提示することといえます。

テクニック① 当たり前の情報（営業時間・住所など）を掲載

CTA設計不足の事例で散見されるのが、販売側が当たり前の情報を掲載していないケースです。

当たり前の情報とは、営業時間や受付時間、店舗なら住所など、申込みや予約を検討する上で、ユーザーが行動を起こすために必要となる情報のことです。

CTAではなく、他のエリアに記載されているのかもしれませんが、この当たり前

▼ 情報記載

店舗系やサービス系のLPなど電話受付を行う際は受付時間や決済方法などを前もって記載しておく

の情報をユーザーに負担をかけて探させてしまった時点で、無駄な導線が生まれることになり、成約までの距離が遠くなってしまいます。

デザインのバランスにもよりますが、できる限りCTA内の同一視野にこれらの情報を掲載しておくことで、ユーザーがその場でオファーを受けるかどうか検討することができます。

▼ LPデザインにおけるCTAの役割

CTAとは？	LPデザインにおいて、申し込みボタンや予約ボタンなど、LPの閲覧ユーザーに対して次に起こしてもらいたいアクションを示すエリア

役割 安心して先に進める選択肢の提示

広告がLPの入口だとすると、CTAはLPの出口。その出口で示されている選択肢がユーザーにとって、安心できるものなのか、信用して先に進めるものなのか、できる限り不安や疑念を解消できるデザインを意識しなければいけない

効果的なCTAエリアのLPデザイン事例（例：外壁塗装サービス）

Before

× CTAの見出しが淡白で印象が薄くなっている

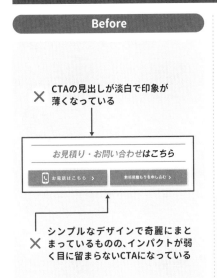

× シンプルなデザインで奇麗にまとまっているものの、インパクトが弱く目に留まらないCTAになっている

After

◯ 担当者の名前や顔を直接出してアピールすることでユーザーからの信用を得る工夫をする

◯ LP内の情報を端的にまとめた情報を配置し、ユーザーが受け取るベネフィットを提示する

◯ 会社の電話番号や住所、受付時間などユーザーが申し込む上で当たり前の情報を明確に掲載しておくと、ユーザーに親切な対応ができる

テクニック② ユーザーが受け取るベネフィット（特典）を視覚化する

ユーザーがCTAを通じて、何らかのアクションを行った後で、どんなベネフィットを得られるのかをあらかじめ視覚化しておくことも効果的です。

例えば、会社資料ダウンロード、キャンペーンの特典といった文字情報だけでは伝わりにくい情報を事前に視覚化しておくことで、ユーザーは登録後に何が提供されるのか明確にイメージができるようになります。

具体的には、資料の目次や特典の写真などをCTA内に入れると良いでしょう。

特に、無形商材（動画コンテンツなど）は、実際に配布するコンテンツをお試し視聴のような形で目に見える形で表現しておくことで、ユーザーにそれらを安心して受け取ってもらうことができます。

▼ 特典視覚化

登録後に配布されるコンテンツを視覚化して安心して受け取ってもらうように工夫する

テクニック③ 人物写真（＝サービス提供主）で親近感をアップさせる

CTA付近に担当者の写真やイラストを配置しておくことも、親近感をアップさせて登録率や成約率を高めることができる鉄板のテクニックです。

ただし、素材サイトなどからモデル写真を準備して配置すると、同業他社と画像が被ってしまい、途端に胡散臭くなってしまう可能性もあるので気をつけましょう。

実在の担当者の写真が用意できるのであれば、顔の見える販売主としてユーザーに受け入れてもらいやすくなるのでおすすめです。

▼ 親近感アップ

CAT付近に担当スタッフなどの人物写真を追加すると、顔の見える販売者として安心してもらえる

CTAはファーストビューと同様に、価格やオファー内容を確認するためにユーザーが見る確率の高いエリアのひとつです。

情報の詰め込みすぎには注意が必要ですが、可能な限りユーザーが安心して先に進むことができるデザインを目指していきましょう。

4 自分事化を促す 悩み共感エリア

悩み共感エリアとは、「こんなお悩みありませんか？」などという見出しを通じて語られる LP を代表するコンテンツのひとつです。具体的にどのようなデザインを意識すれば良いのかポイントを紹介しましょう。

悩み共感エリアの目的はユーザーの自分事化と内面化

　悩み共感エリアとは、一般的な LP で見られる「こんなお悩みはありませんか？」などと閲覧ユーザーに問いかけるコンテンツのことです。

　なぜ、LP でこのコンテンツがよく見られるのかというと、販売者側がユーザーの悩みに理解を示し、共感することによって、LP で案内している商品やサービスを「自分に関係あるものだ」と自分事化してもらい、それらを「自分にとって価値があるものだ」と内面化させる狙いがあるからです。

　悩み共感エリアは、第４章で学んだ LP ライティングで言うところの、いわゆる QUEST フォーミュラの Understand（理解・共感）の部分となります。

　では、具体的にどのようなデザインを用意すれば、ユーザーに対して理解を示し、共感を促すことができるのでしょうか。

テクニック❶ 悩みや不安を文字情報＋視覚情報で伝える

　昔からよく見られる悩み共感エリアのデザインで、いわゆるブレット形式で箇条書きにして終わらせるパターンがよく見受けられます。

　ただ、ネットユーザーが基本的に倍速閲覧（P122）する時代において、文字情報を羅列しているだけでは読み飛ばされる可能性が高く、最終的に LP の内容が自分とは関係のないものと判断される（＝もしくは価格だけで比較されてしまう）ことにつながってしまいます。

　そのため、デザイン全体のテイストや雰囲気にもよりますが、可能な限り文字情報と視覚情報はセットで伝えたほうが、理解や共感を促す上で効果的だといえます。

▼ LPデザインにおける悩み共感エリアの役割

悩み共感エリアとは？	ファーストビューの直後で、よく見られる「こんな悩みありませんか？」といった見出しでスタートするLPの代表的なコンテンツやセクションのこと

役割❶ 自分事化

LPに掲載されている情報に対して「自分に関係のあることだ」と強く認識してもらい、商品やサービスに興味関心を持ってもらう

役割❷ 内面化

悩みや不安を言語化・視覚化して表現することで、ユーザーの意識の中に眠っている欲求やニーズを内面化させる

効果的な悩み共感エリアのLPデザイン事例（例：デリケートゾーン美容液）

Before	After

Before

✕ どの商材でも使い回しができる見出しでインパクトがない

こんな悩みありませんか？

☑ デリケートゾーンの**黒ずみ**が気になる…。

☑ お尻・ワキ・乳首・乳輪の**くすみ**をなくしたい…。

☑ 妊娠や成長による**妊娠線**の跡が目立っている…。

✕ 文字情報は一定以上記載されているが、直感的に理解できない

After

○ 見出しに心の声やメッセージ性の強い言葉を加えることで、ユーザーが抱える悩みや不安の解像度を上げる

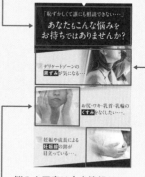

○ 悩みや不安は文字情報だけではなく、視覚情報で補完することでより訴求力が向上する

○ 悩む状況を直接的に表現せず、洗顔中や通勤中など、日常生活の中で間接的に悩みや不安を感じるシーンを視覚化して表現する

テクニック❷ 悩みや不安の解像度を最大限上げる

この悩みや不安エリアの表現でよくありがちなミスが、**競合他社でもすぐ真似できる内容になってしまっている**ことです。

世の中のLPを見ていると、「〇〇で悩んでいる」「〇〇を知りたい」といったシンプルで無難な表現が数多く見られます。

様々な会社やサービスを比較検討しているユーザーにとっては、正直どれも同じ内容に見えてしまい、導入部のインパクトが弱くなってしまいがちです。

あまりにも尖ったり、奇をてらった表現は避けなければいけませんが、悩みや不安

▼ 悩みの解像度アップ

悩みの解像度を上げて情報量を多くし、様々なケースを示すことで、他社には真似できないレベルで悩みや不安に共感する

の表現にも、フックやUSPの視点（P122）を取り入れて、独自性を高めて、ユーザーの目を引く表現を心がけていきましょう。

テクニック❸ 直接的ではなく間接的な見せ方で共感させる

悩み・共感エリアの役割を最大限に発揮するために、**間接的な見せ方を重視する**のも効果的です。

アナロジカルとは類推という意味ですが、つまりユーザーの悩みや不安を**直接的に表現するのではなく、間接的に表現する**ということです。

美容系の商材で「脇のニオイ」を

▼ 間接的な見せ方（例：脇のニオイ）

【直接的な見せ方】	【間接的な見せ方】

同じ情報でも、直接的に伝えるのか、間接的に見せるのかで読者に対する印象は異なる。できる限り具体的なシーンなどを用いて読者に共感してもらうように工夫してみよう

解決する商品があるとします。この商品を手にしそうなユーザーの悩みを直接書くと、「脇のニオイが気になる…」という表現になります。より効果的なデザインにしたいのであれば、ユーザーがその悩みを抱く瞬間（日常のどこかで遭遇したワンシーン）を間接的に表現するとよいでしょう。それは狭い会議室でのミーティング、暑い真夏に満員電車に乗ったときのシーンかもしれません。

そのような視点で、事前に設定したペルソナ（P81）などがあれば、それらも参考にしながら、できる限りユーザーの日常生活に入り込んで想像を膨らませて、より訴求力の高い悩み共感エリアを作り上げるように努めていきましょう。

5 商材の特長を具体的に伝える 解決策エリア

解決策エリアは「そんなあなたの悩みはこれで解決！」といったような見出しを切り口に、その直前で示した悩み・共感エリアに対する具体的な解決方法を提示するコンテンツとなります。このエリアにおいて意識すべき点を紹介します。

解決策エリアの目的は、提供商材の形象化と具現化

解決策エリアとは、悩み共感エリアでユーザーの悩みや不安を言語化・視覚化した直後に、その具体的な解決方法としてLPで販売する商材を紹介するエリアとなります。

ここで意識すべき点は、その解決策（＝LPで紹介している商材）については、一番冒頭のファーストビューエリアにおいて、その大枠をすでにユーザーに伝達しているという前提です。

つまり、この解決策エリアの役割は、ファーストビューですでに示している解決策をより具体的な形で再提示することです。

ファーストビューの情報量だけでは、掴みきれなかった内容を把握させることを目的として、目に見える形で形象化したり、入手した状態をイメージさせるために具現化するといったことが、解決策エリアの非常に重要な役割です。

テクニック❶ パッケージや商品形態を見せてイメージしやすくする

LPではインターネット空間で商品を紹介するため、ユーザーが実際に手に取って商品を確認したり、試したりすることが基本的にできません。

そのためユーザーがLPで紹介されている商品に対して、具体的で鮮明なイメージを頭で描くことができないと、購買に至る可能性はどんどん低くなってしまいます。

有形商材（美容品・健康食品など）の場合は、パッケージを載せたり動画などで

▼ LPデザインにおける解決策エリアの役割

解決策エリアとは？	悩み共感エリアでユーザーに対して理解や共感を示したり、問題点を指摘した後に、その問題を解決できる商品やサービスを提示するエリア

役割① 商材の形象化

ユーザーの抱える悩みや欲求に対する解決策として、提示する商品やサービスを目に見える形で提示すること

役割② 理想の具現化

ユーザーが頭の中でイメージしている商品やサービスを通じて、得られる未来や理想像を具体的な形で示すこと

効果的な解決策エリアのLPデザイン事例（例：相続相談サービス）

Before

よく見られるWebサイトのレイアウト・情報配置だが、内容は充実しているものの、LPとして閲覧する上で 短時間で情報を取得することが難しい

✕ 提供内容が、「相談やコンサル」といった無形商材にも関わらず、そのイメージが提示されていないのでどのようなサービスを受けられるのか不明

After

○ どのようなサービス・商品形態（下記の場合はコンサル）なのか、写真やパッケージなどを見せてユーザーが理解しやすくする

○ 解決策の説明文章などは 編集を加えて、文章を分解して 短時間で理解しやすくする

○ 「特徴１：○○」といったナンバリングとラベリングを行い、ユーザーに解決策の魅力や メリットが伝わりやすいように 見せ方を工夫をする

使用シーンを見せれば一発で済ませることができます。

一方、無形商材（教育コンテンツなど）の場合、ユーザーが購入後の未来像をイメージできるように見せ方を工夫しなければいけません。

この解決策エリアに到達しているということは、ユーザーは少しばかりでも商品に興味関心があり、より具体的な情報を求めている証拠です。

なので、どんな情報を求めているのかを先回りしながら、出し惜しみせずに徹底的に商品について説明を行うようにしましょう。

▼ **パッケージを視覚化**

有形商材の場合　　無形商材の場合

有形商材の場合は、パッケージ写真を掲載する、無形商材（コンテンツ販売）の場合はDVDやCDパッケージのイメージ画像を配置するなどしてどのような形式のコンテンツが入手できるのかを直観的に把握させる

テクニック❷ 特徴や強みはナンバリングとラベリングでまとめる

LPで紹介する商品やサービスの特徴を説明する際は「3つの特徴」や「5つのメリット」といった形でナンバリングし、「特徴1、特徴2」…といった形でラベリングし、LPの内容を整理しながらデザインを施すのが鉄板です。

ユーザーは日々膨大な情報に触れており、より効率的に有益な情報を得たいと思う反面、閲覧したLPの情報を細かく記憶しているわけではありません。最初はなんとなく内容を把握していくのが普通でしょう。

「この商品はこんな感じだったな…」となんとなく理解できるだけでも、ナンバリングとラベリングでLPの内容を整理しておく意義があると言えます。

▼ **ナンバリングとラベリング**

□ ラベリング
□ ナンバリング

ナンバリングとラベリングの両方を使って印象的に残るようにデザインを作成する

いかに、商材の特徴や強みをナンバリングとラベリングでうまくまとめることができるかは、LP全体の完成度にも大きく影響します。

端的に商材の強みや魅力が伝わる解決策エリアを作り上げるように工夫してみましょう。

6 データで実現可能な未来を見せる実績エリア

実績エリアは、解決策エリアで提示した商品やサービスを通じて、ユーザーが近い将来どのような結果を得ることができるのかを客観的に明示するコンテンツです。その実績エリアのデザインで意識するべき点を解説します。

実績エリアで、客観的データを通じて実現できる未来を見せる

　実績エリアの役割は、直前に提示した解決策でもたらされる未来（＝ベネフィット）を客観的なデータを通じてユーザーにイメージさせることです。

　実績エリアを通じて、ユーザーの悩みや不安が解決した理想の世界を明示することで、LPで扱っている商材を今すぐ手に入れるべきという説得力をさらに強化でききます。

　実績エリアのデザインを考える上で最も基本となる考え方は、ユーザーの現実と理想の間に橋を架けてあげることです。

　ユーザーの理想とあまりにも離れていていたり、解決策と直接結びつかない実績を掲示してしまうと、LP全体の訴求力は一気にガタ落ちしてしまいます。

　そこでどのように実績エリアをデザインで演出すべきか、いくつかテクニックを紹介しましょう。

テクニック❶ 想定ターゲットの属性や特徴に近い実績を挙げる

　実績であれば何でも掲載すれば、訴求力が上がるかというと、そんな単純な話ではありません。あくまでも実績は商材が狙っているターゲットやペルソナに響くものを中心に掲載する必要があります。

　例えば、極端な例ですが、社会人向けのビジネス英会話スクールという商材を紹介しているのにも関わらず、高校生の実績が混ざっていたり、日常英会話の実績が混ざっていたりすると、年代や対象者といった属性がチグハグな印象になってしまいます。

▼ LPデザインにおける実績エリアの役割

実績エリアとは？	LPデザインにおいて、商品やサービスを通じて実現した結果を提示するエリア。お客様の声が主観的な体験情報である一方で、あくまでも客観的な事実を示す

役割 実現可能な未来（＝ベネフィット）をデータで見せる

LPで案内・紹介されている商品やサービスを通じて、実際にどのような変化が生まれ、近い将来がプラスの方向に変わっていくのかを客観的事実で伝える。お客様の声とセットで提示するなど見せ方を工夫して、より商材の魅力が増すように工夫しよう

効果的な実績エリアのLPデザイン事例（例：パーソナルジム）

Before	After

After

○ 実施期間など時系列を示す 文言を追加することで、実績の印象を強く残すことができる

○ 可能な限り実績に関する具体的なデータを追加することによってユーザーがイメージしやすくなる

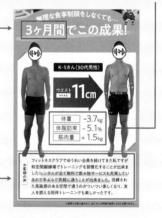

Before

このような結果が
生まれています！

K・Sさん（30代男性）

ウエスト **−11cm！**

✕ 「実績＝客観的な事実」を一応提示しているものの、インパクト不足でユーザーの記憶に残りにくい

○ 実績にお客様の声をセットで紹介することで、実績＝客観的事実と感想＝主観的感想の両面から商材を通じて、実現できる未来（ベネフィット）を提示できる

LPで扱う商材と実績の中身は常に整合性を取るようにすることで、LP全体の説得力を増強するように努めましょう。

テクニック❷　ユーザーが実現する未来をイメージさせる

　実績をなぜ見せるのかというと、ユーザーにもこのような実績を通じて同じ未来を実現してもらいたいというメッセージを伝えるためです。

　実績の内容に自身との共通点が多ければ多いほど、ユーザーは自分事としてその商材の魅力を捉えてくれる確率が高くなります。

　そのため、可能な限り想定ターゲットが自分との共通点を見出すことができ、かつその提示されている結果と同じ未来を実現したいと、積極的に感じてもらえるような実績コンテンツを考える必要があります。

▼ ユーザーが実現する未来をイメージさせるデザイン例

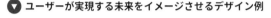

実際にLPに掲載されている商品やサービスを手にすることで、どのような未来や結果が待っているのかを具体的な事例やデータでイメージさせるのが実績エリアの役割のひとつ

7 | 口コミやレビューで購買意欲を上げるお客様の声エリア

> お客様の声エリアは、LPの商材を実際に使用したり体験したユーザーからのレビューを紹介するエリアです。LPでは非常によく見られるコンテンツです。実際にデザインする上でのポイントを紹介します。

お客様の声エリアの狙いは、社会的証明とバンドワゴン効果

お客様の声エリアは、「感謝の声が届いています」や「お客様の声が届いています」といった見出しで始まる、LPでは定番のコンテンツです。

このコンテンツには、LPで紹介している商品やサービスを実際に体験したユーザーのリアルな感想やレビューを伝えることで、検討中のユーザーに対して購買意欲を沸き立たせる意図があります。

そして、この意図や狙いを少し専門的な用語で言い換えたのが、社会的証明とバンドワゴン効果です。

社会的証明とは、ある状況で自分がどう行動するかを決める際に、他人が何をしているかを参考にすることを指す社会心理学の用語です。

例えば、行列のできている飲食店は美味しい、たくさんの人が購入している商品だから良いと考えるのは、社会的証明の一種です。

バンドワゴン効果とは、社会的証明を通じて多数の人が支持した物事に対して、さらに支持が集まる心理効果を指した言葉です。

例えば、行列ができている飲食店を見た際に、私も一度行ってみたいと購買意欲がそそられる現象です。

どちらも心理学の分野では定番の知識です。お客様の声エリアを掲載する際も、これらを意識してデザインを施すと良いでしょう。

▼ LPデザインにおけるお客様の声エリアの役割

お客様の声エリアとは？	LPで紹介している商材を実際に体験したユーザー本人がリアルな感想を伝え、検討中のユーザーの購買意欲を上げるエリア

役割❶ 社会的証明

社会的証明とは、行列のできている飲食店は美味しい、ランキング上位の商品だから良いと人々が考えること

役割❷ バンドワゴン効果

行列ができるほど人気の飲食店を見たときに、私も一度行ってみたいと購買意欲がそそられる現象

効果的なお客様の声エリアのLPデザイン事例（例：投資信託セミナー）

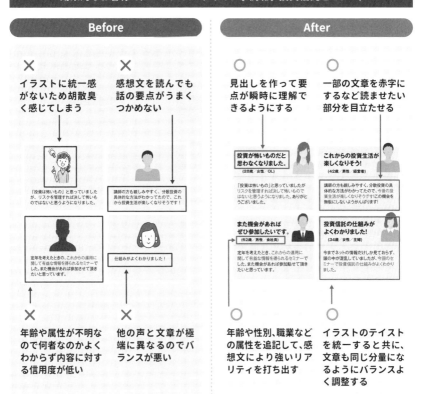

Before

✕ イラストに統一感がないため胡散臭く感じてしまう

✕ 感想文を読んでも話の要点がうまくつかめない

✕ 年齢や属性が不明なので何者なのかよくわからず内容に対する信用度が低い

✕ 他の声と文章が極端に異なるのでバランスが悪い

After

◯ 見出しを作って要点が瞬時に理解できるようにする

◯ 一部の文章を赤字にするなど読ませたい部分を目立たせる

◯ 年齢や性別、職業などの属性を追記して、感想文により強いリアリティを打ち出す

◯ イラストのテイストを統一すると共に、文章も同じ分量になるようにバランスよく調整する

テクニック① 情報のフォーマットやデザインのテイストを揃える

お客様の声を通じて社会的証明を果たすためには、まず年齢・性別・職業などの属性や、感想やレビューの文字量、写真やイラストのテイストを統一することがポイントです。そうすることで、購入を検討しているユーザーに対して、違和感や怪しさを感じさせることがなくなります。

適当な1行だけの感想文や、生成AIで出力しただけの適当な文章では、熱量のなさにユーザーが気がついて魅力が半減してしまいます。

そのため、お客様の声を掲載する際はモニター募集やアンケートを実施するなど、できる限り生の声を集めるように努めましょう。

テクニック② GBPやインスタなどの画像を直接掲載するのも効果的

Googleマップ（Googleビジネスプロフィール）の口コミやInstagramのレビュー投稿などをそのまま切り取って掲載することも、「商品が多くの人に支持されている」というインパクトを出すのに有効な手段です。

ただ切り取るだけではなく、積極的に読ませたい文章をマーカー

▼ GBPやインスタ画像を直接掲載

Googleマップの口コミやInstagramの投稿を切り取って加工して掲載すると、話題性のある商材であることを演出できる

で目立たせるなど、好意的な意見をさらに引き立たせるようなデザインを施すと良いでしょう。

この他にも医療や美容関係、教育関係では「〇〇のお医者さんも推奨」や「〇〇教授も注目」といった権威性を示すタイプのコンテンツがあります。

それも社会的証明を狙うという点では共通しています。

積極的にデザインを施して、商材の魅力を伝えるようにしましょう。

8 ユーザーに次の道筋を示す ステップ（流れ）エリア

ステップ（流れ）エリアは、一通り商材に関する説明が完了した後、具体的にどのような流れで進めてほしいのかをアナウンスするエリアとなります。制作の現場では意外と後回しにされがちですが、コンバージョンに直接影響するエリアなので、しっかりと用意しておきましょう。

▍目的は、バリューラダー（価値の階段）を提示すること

　ステップ（流れ）エリアは、ステップ形式でユーザーが次にとるべき行動を案内するコンテンツです。

　例えば、プライベートジムでは無料体験の流れだったり、士業・コンサル業では問い合わせ後の流れ、買取サービスでは訪問見積りの流れや必要書類といったように、業界業種によって掲載する内容は様々です。

　このステップ（流れ）エリアは、LP制作の現場で軽視されがちですが、ユーザーを着実にコンバージョンへと導く鍵を握っている大切なエリアです。

　コンバージョンが発生しない理由のひとつに、「この商材を良いと思っても次に何をすべきかわからない」というものがあります。

　これはつまり、ユーザーに対して提供する商材の価値を手に入れてもらうまでの道筋（＝バリューラダー）を正しく説明できていないことが原因です。

　LPを通じてユーザーに商材の価値を伝えたら、次はその価値を手にしてもらうまでの具体的な道筋を懇切丁寧に説明することが、ステップ（流れ）エリアをデザインする上で強く意識すべき点となります。

■テクニック❶ できる限り詳細度の高いアクションを掲載する

　ただ、懇切丁寧に説明すべきとはいっても、実際にどのような形で説明するのが適切なのでしょうか？

　そのテクニックのひとつが、より詳細度の高いアクションを明示することです。

ステップ（流れ）エリアとは？	LPデザインの中盤以降で登場する申込みの流れや予約後の流れなど、ユーザーに対して商品やサービスを受け取る流れやステップを説明するエリア

役割 バリューラダー（価値の階段）の提示

LPで流れやステップを提示する目的は、ユーザーが商材の価値を最も適切な形で享受できるように案内するため。ユーザーにとってもLP内で購入後や申込後のイメージを掴めるため、安心して次のアクション（コンバージョン）へと進むことができる

効果的なステップ（流れ）エリアのLPデザイン事例（例：ブランド品買取サービス）

Before

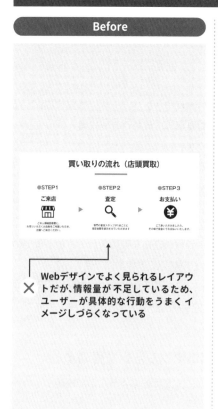

× Webデザインでよく見られるレイアウトだが、情報量が不足しているため、ユーザーが具体的な行動をうまくイメージしづらくなっている

After

○ 可能な限り関連性の高い写真やイラストを入れて ユーザーが実際のサービスを追体験できるように 具体的な写真やイラストを配置する

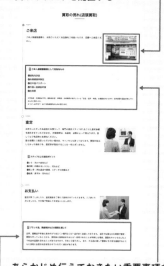

○ あらかじめ伝えておきたい重要事項など、できる限り詳細度の高いアクションを掲載 すると、後になってユーザーから「その話は聞いてなかった」という誤認を事前に防止できる

例えば、単に「STEP1：問い合わせ」ではなく「STEP1：お電話での問い合わせ」といったように、ユーザーに取ってほしいアクションをより明確に記載するといった工夫です。

ユーザーがどう行動すれば、商品やサービスを受け取れるのかを理解できると同時に、一方で、事前に用意する項目や確認事項を提示しておくと、接客時におけるイレギュラー対応を減らすことにもつながります。

テクニック② 関連性の高い画像を入れて具体的なイメージを与える

ステップ（流れ）エリアでは、文字情報だけで伝えるのではなく、関連性の高い写真やイラストを入れてより行動イメージが湧くように工夫することも効果的です。

写真やイラストを挿入することによって、ユーザーが申込後や予約後にどのような状況が待ち受けているのか把握できるメリットがあります。

例えば、店舗系のLPであればお店の外観・内観の写真を挿入したり、支払い方法を記載しておくことで、ユーザーが「どんな場所なのか？」「どんな雰囲気なのか？」「クレジットカードや決済アプリは使えるのか？」といった漠然と感じる疑問や不安を解消することにもつながります。

ステップ（流れ）エリアは、非常に地味なコンテンツに見えますが、コンバージョンまであと一歩に迫ったユーザーの背中を後押しする大切な役割があります。

ぜひ、様々な表現方法を工夫してみましょう。

▼ 関連性の高い画像を入れてイメージを与える

サービスを実施している様子や人物写真、イラストを流れにマッチするように配置することで、ユーザーに具体的な行動イメージを与えることができる

9 透明性とCVの判断材料になる よくある質問エリア

よくある質問エリア（FAQ）とは、その名の通りユーザーから想定される質問を用意して、それに対応した回答をあらかじめ示しておくエリアです。
LPでは非常に見慣れたコンテンツですが、改めてその意義と目的を整理してデザインを考えていきましょう。

目的は、透明性の向上と判断材料の補完

　よくある質問（FAQ）は、LPデザインで多く見られるコンテンツのひとつです。最後の方に配置されることもあって意外と目を通すユーザーが多い反面、そこまで内容について追求しないまま、感覚的に作成されることも多いエリアです。

　なぜユーザーに対して、よくある質問を設置するのかと言えば、その目的は第一に透明性の向上です。

　LPを閲覧するユーザーの頭の中で、自然と湧き上がってくる疑問や不明点に先回りして回答しておくことで、「私たちの商品やサービスには隠し事は一切ありません」という意思を伝えて信頼してもらうことが狙いとなります。

　第二の目的は、よくある質問を通じてユーザーに、LPに掲載されている情報やメリットを再度訴求し直すことで、購入や登録を決断する上での判断材料を補完する役割を担わせることです。

　よくある質問を設置する目的を意識しながら、具体的にどのようなイメージで作成すれば良いのか、いくつかテクニックを紹介しましょう。

▼ LPデザインにおけるよくある質問エリアの役割

よくある質問エリアとは？	LPを閲覧することで、発生する疑問点・不明点を事前に質問文の形式で用意し、その適切な回答文を用意するエリア

役割❶ 透明性の向上

あらかじめ先回りしてユーザーの疑問や不明点に応えておくことで、商材に対する透明性を向上させ、信用度を高める

役割❷ 判断材料の補完

ユーザーがLPの商材に対して検討中、もしくは購入を迷っている状況に対して、FAQを通じて判断材料を補完して成約へと導く

効果的なよくある質問エリアのLPデザイン事例（例：キックボクシングジム）

Before

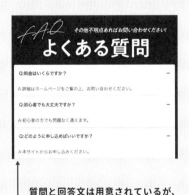

✕ 質問と回答文は用意されているが、機械的に設置しただけで、ユーザーに対する親切心が欠けており、結果的に疑問が全く解消できないものになっている

After

○ ユーザーから想定される質問に対して、他のページや別サイトをわざわざ参照しなくても解決できるように回答文を用意する

○ ユーザーの疑問や不安に先回りした質問文と回答を用意することで安心させて成約に導く

○ ダイエット向けなどLPの内容を、FAQを通じて訴求し直すことで、商材の魅力やメリットをユーザーに再認識させることができる

テクニック❶ オファーに直接的に関わる質問文を設置する

よくある質問に関しては、そのLPでオファーしている内容に関連させて、最終的にユーザーの背中を後押しするような項目を設置するのが基本となります。

LPで打ち出しているテーマやトピックと関連性がない質問と回答を掲載してしまうと、コンテンツとしての存在意義が低くなり、ページの離脱を招いてしまうことにもなりかねません。

また、よくある質問の項目数が多いからといって、ユーザーが全て熱心に読んで疑問を解消してくれるわけではありません。

そのため、コンバージョンを目指す上で必要最低限の項目数に絞り込むことも重要となります。

テクニック❷ できる限り具体的な記述で質問文を用意する

質問文に関してはできる限りユーザーが抱く疑問や不明点を細かく記述し、それに対する回答についても具体性の高い内容を用意するようにしましょう。

LP上で、ユーザーが悩んだり躊躇してしまう理由の中には、商品自体の価値に対する疑問ではなく「送料はかかるのか?」「クレジットで決済できるのか?」といった商品を受け取る方法や支払い方法など、事務的な不明点も多く含まれています。

そうした商品の内容以外の補足的な質問に関しても、先回りでカバーしておくことが大切です。

テクニック❸ LPで訴求した魅力や強みをあえて再認識させる

よくある質問の質問と回答を通じて、改めてLPを通じて訴求したメッセージや魅力をユーザーに再認識してもらうこともテクニックのひとつです。

例えば、「〇〇の特徴は何ですか?」「〇〇と他のサービスとの違いは何ですか?」「〇〇特典はいつまで受け取れますか?」といったように、LPを通じて伝えてきた他社との差別化ポイントや、提供内容に関する情報を、よくある質問でユーザーに再度繰り返し伝えるというテクニックも有効です。

よくある質問はLPの中でも一番地味なコンテンツですが、真剣に購入を検討しているユーザーにとっては決断を下す上で非常に重要な判断材料になります。

しっかりとユーザーの立場に立って、安心して申し込みができる質問文と回答を用意するように心がけていきましょう。

10 広告審査に必要不可欠な 会社概要エリア

LPの本編とは関係ありませんが、補足情報としてLPの最下部には、会社概要やプライバシーポリシー、特商法に基づく表記など発信者情報を記載する必要があります。なぜ、これらを掲載しなければいけないのか確認しておきましょう。

会社概要エリアの目的は広告審査対策とNAPの統一

　会社概要エリアとは、LPの最下部のフッター部分によく見られる会社概要やプライバシーポリシー、特商法に基づく表記など掲載している情報の発信者について明示するコンテンツです。

　一見したところ、あまりコンバージョンには関係のないコンテンツのように思えますが、購入者とのトラブル防止や広告審査の観点において、適当に作って済ますことは避けたいエリアでもあります。

　プライバシーポリシー（個人情報保護法）や特定商取引法の概要に関しては、第8章で解説します。ここではこれらのコンテンツがLP制作において、どのような役割を果たすのかを確認します。

テクニック① プライバシーポリシーと特商法で広告審査対策を万全に

　初めてLP制作を経験する方であれば、おそらく一番最後に用意するであろう項目が、このプライバシーポリシーや特商法になります。

　しかし、これらの情報は事前に用意しておくことで、LP完成後の運用をスムーズに進めることが可能です。

　広告審査においては、これらのページを担当者が目視で確認した上で、広告主の情報が不明瞭という理由によって広告配信が停止されるケースも多々あります。

　ネット上には様々な雛形が用意されていますが、常に最新の法改正に対応した雛形なのか確認しながら活用するようにしましょう。

▼ LPデザインにおける会社概要エリアの役割

会社概要エリアとは？	フッターのリンク部分に見られるLPのコンテンツに、直接的な関わりはないものの、広告出稿時の審査や法律を遵守した商品やサービスであることを示すエリア

役割❶ 広告審査対策

広告媒体よっては、広告主が不明瞭といった理由で広告出稿ができない場合もあるため、LPの発信者情報を明確に記載する必要がある

役割❷ NAPの統一

NAPと は、Name（名前）、Address（住所）Phone（電話番号）のこと。Googleマップの掲載情報と統一することで、Googleに正しくページを評価してもらうことができる

効果的な会社概要エリアのLPデザイン事例（例：鍵トラブル解決サービス）

Before

× フッターに広告主に関する情報（特商法に基づく表記、プライバシーポリシー）がないと広告審査に落ちる可能性が高い

After

○ フッターに別ページのリンクを 設置して LPの発信者に関する情報を開示する

○ プライバシーポリシーは「個人情報保護法」に 基づいて作成する必要があるため、常に最新の情報を調べたり専門家に相談しながら作成する

○ もしGoogleマップに登録している場合、LP内や特商法などに 住所を記載する場合は、半角全角含めて完全に情報を一致させる

どれだけLPのクオリティが高くても、このような法的なルールを守らずに運用しているうちは、結果を出し続けることは困難です。

消費者庁のホームページなどを定期的にチェックするなど、ユーザーとのトラブルを避けるための対策を心がけておきましょう。

テクニック❷ Googleマップとの整合性を取っておく（NAPの統一）

会社概要や特商法の掲載情報を整えておくことは、Googleマップ経由でLPにアクセスさせる場合においても有効な作業となります。

なぜなら、このGoogleマップの登録情報を管理するサービス「Googleビジネスプロフィール」において、NAPと呼ばれる仕組みがあります。

このNAPを正しく機能させるためには、様々な媒体でビジネスの基本情報を完全一致しておく必要があります。

NAPとは、Name（名前）、Address（住所）、Phone（電話番号）のことで、オンライン上のNAPを統一することで、ユーザーがマップ検索したときの検索順位（MEO）に影響を与えます。

例えば、LPで公開されているNAPと、Googleビジネスプロフィールに登録しているNAPが同一であれば、Google側は両者を同一のビジネスとして認識します。そのため、既存のホームページやSNSなどがある場合は、LPに掲載する情報も必ず統一しておくべきです。

特に住所は、漢字・ひらがな・数字・スペース・半角・全角などもすべて統一する必要があるため、誤りがないか気を付けましょう。

また、電話番号に関してはハイフンの有無・全角半角も統一するようにしましょう。

▼ 各媒体でNAPを必ず統一しておく

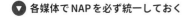

同じ情報でも店舗名や住所が一致していない、全角・半角・英数字などが統一されていないとGoogleからの評価が落ちてしまう可能性がある

すでにGoogleマップや既存のHPなどがある場合、NAPを意識して店舗名や住所などは細かく統一するようにしよう

11 最後の決め手　エントリーフォームの最適化（EFO）

EFOとは、Entry Form Optimizationの略称で、エントリーフォーム最適化のことです。EFOについては、LP制作に関わるのであれば必須の知識となります。そのため、ここで少し詳しく概要とポイントを把握しておきましょう。

▌ 入力フォームにはEFOの視点を取り入れる

EFOとは、Entry Form Optimization（エントリーフォーム最適化）の略で、申し込みフォームや資料請求フォームなどの入力完了率を高めるために、様々な施策を行い最適化することです。

EFOを意識することで、ユーザーがフォームの入力を完了しやすくなるため、結果的にコンバージョン率を向上させることができます。

つまりフォームが使いやすいほど、訪問ユーザーが見込み客や顧客に変わる可能性が高くなるというわけです。

このEFOを追求するための様々なEC事業者向けのサービスやフォーム提供サービスが存在していますが、ここではより具体的に初心者の方でもLP制作で活用しやすいデザインテクニックをいくつか紹介します。

テクニック❶ 問い合わせと申込みで入力項目数を分ける

コンバージョンの定義にもよりますが、ユーザーの真剣度に合わせて入力項目数を分けることで、最終的に送信完了まで到達する確率を上げることができます。

問い合わせフォームは、基本的に軽く質問をしたいユーザーが記入するため、住所や電話番号といった細かな個人情報の入力欄は避けて、名前やメールアドレス、問い合わせ内容といったシンプルな入力項目に留めます。

一方、申し込みフォームの場合は、責任を持って申し込んでもらうためにも、その他の細かな情報もしっかりと記入してもらうようにします。

▼ LPデザインにおける入力フォームエリアの役割

入力フォームエリアとは？	LPで紹介されている商材をユーザーが実際に購入したり登録したりする際に、入力する申し込みフォームや予約フォーム、購入ページのこと

役割 EFO（エントリーフォーム最適化）

EFOとは、エントリーフォーム最適化のこと。ユーザーがLP内で商材に対して魅力や興味関心を抱いたとしても、実際にそれを購入したり登録するためのフォームが適切に用意されていないと、成約に至らない可能性が高くなる。EFOを向上するためにはフォームを提供する会社のサービスを利用するのもひとつの選択肢となる

効果的な入力フォームエリアのLPデザイン事例（例：LP制作/法人向け買収サービス）

Before

問い合わせと申し込みのフォームが同じだと入力するユーザーの真剣度やテンションが異なるので、入力途中に離脱される可能性が高い

×

最低限フォームとしての機能を果たしているが、殺風景な印象になっているため、もう少しユーザーの背中を後押しする勢いが欲しい

×

After

問い合わせと申込みでフォームを完全に分けて、入力項目や入力数が負担にならないように調整して、ユーザーが最後まで送信完了するように工夫する

○

フォームの上部に電話番号や担当者の写真などを掲載しておくことで、電話対応へ誘導することができたり、殺風景な印象のデザインになることを防げる

○

243

テクニック❷ フォーム上部に電話番号を記載して誘導する

　原始的なテクニックですが、フォームの上部に電話番号を記載して、電話して今すぐ問い合わせ可能だとアピールするのも有効です。

　電話番号を目立つ形で記載しておくことによって、フォームを途中まで入力したけれど、やっぱり面倒だから電話してしまおうというユーザーの直感的な行動に対応することができます。

テクニック❸ フォーム一体型LPにする

　美容品や健康食品などのLPによく見られるのが、フォーム一体型LPです。

　同ページ内に、フォームを設置することで遷移する手間やムダを省き、CV率の向上に結びつけることが狙いです。

　フォーム一体型LPは、LP制作の世界では広く知られている手法です。

　ユーザー側の操作を減らせるメリットがある一方、CVの測定がやりづらかったり、フォームのシステムを提供している会社と契約して導入することが一般的なため、運用コストが発生するデメリットもあります。

　フォーム一体型にすれば、どんな商品でも絶対にCV率が上がるというわけでもないため、まずは商材の魅力や強みが伝わるLPデザインにすることを優先的に追求した上で検討しましょう。

　他にも様々なEFOに関する知見やノウハウはありますが、入力フォームに関しては自社で新しく開発するよりも、すでにEFOが施されたフォームサービスを有料で利用するほうがLP制作を進める上で効率的だと考えています。

　また、外部のサービスを利用して構築の時間を短縮する代わりに、LPで案内する商品自体の魅力や関連コンテンツを収集・作成することに注力するのもEFOの選択肢としては大いにありといえます。

▼ フォーム一体型とフォーム分離型のメリットとデメリット

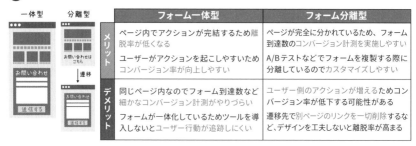

		フォーム一体型	フォーム分離型
メリット		ページ内でアクションが完結するため離脱率が低くなる	ページが完全に分かれているため、フォーム到達数のコンバージョン計測を実施しやすい
		ユーザーがアクションを起こしやすいためコンバージョン率が向上しやすい	A/Bテストなどでフォームを複製する際に分離しているのでカスタマイズしやすい
デメリット		同じページ内なのでフォーム到達数など細かなコンバージョン計測がやりづらい	ユーザー側のアクションが増えるためコンバージョン率が低下する可能性がある
		フォームが一体化しているためツールを導入しないとユーザー行動が追跡しにくい	遷移先で別ページのリンクを一切削除するなど、デザインを工夫しないと離脱率が高まる

第8章

知っておいて損はない
LP制作の周辺知識

最後に、認知心理学や行動経済学、UX/UIデザイン、
LP制作にまつわる法務関連について学びます。
最後にLP制作でChatGTPを使いこなすためのアイデ
アを紹介しています。

1 購買行動に効果的な 認知心理学の知見や法則

本章では、LP制作に取り組む上で、学んでおくと有益な周辺知識をダイジェスト形式でまとめていきます。本書だけで各分野を深堀りすることは難しいですが、興味があれば関連書籍などを通じて学びを深めてみてください。

認知心理学とは？

心理学とは、人の心の仕組みや働きを考察し解明しようとする学問です。

LP制作を含めて、ビジネスの現場に心理学の知見を応用しようとする書籍やセミナーは世の中に数多く見られます。

一口に心理学と言っても、一般的な心理法則を解明しようとする基礎心理学（＝実験心理学・発達心理学など）と、その法則から導き出された理論を実社会に応用する応用心理学（＝臨床心理学・教育心理学）といったカテゴリーに分けられます。認知心理学は、前者の基礎心理学に分類される領域となります。

LP制作においても、認知心理学で解明されている認知のメカニズムを応用することは、デザインの根拠を言語化したり、仮説を立てる上で非常に役立ちます。

そこで代表的な認知心理学の法則をいくつか紹介してみましょう。

❶ カクテルパーティー効果

カクテルパーティー効果は、大勢の人が談笑している中で、目の前の友人や興味のある人の会話だけを集中して聞くことができたり、自分の名前が聞き取りやすいという現象です。

このカクテルパーティー効果を利用すれば、ファーストビューエリアや悩み共感エリアなどにおいて、ターゲットユーザーと関連する情報やキーワードを散りばめることで、LPの内容に集中してもらえる仕掛けを生み出すことができます。

▼ LPデザインで使える認知心理学❶ カクテルパーティー効果

年齢や地域名など具体的な属性を示して思い当たる人に気に留めてもらうようにする。

化粧品や健康食品系のLPで見られるこうした悩み共感パートは読者に対して "自分に関係のある情報だ" と思わせるために使われる。

❷ クレショフ効果

クレショフ効果とは、１つの映像が映画的にモンタージュ（編集）されることによって、その前後に位置する他の映像の意味合いが変化してしまう効果のことです。

もっと簡単に言えば、人間は画像の組み合わせで勝手にストーリーを妄想する、というわけです。

このクレショフ効果を活用すれば、LPで使用する写真素材を選択する際、様々な写真を効果的に組み合わせることで、ユーザーに対してこちらが意図したストーリーを想起してもらうことが可能となります。

▼ LPデザインで使える認知心理学❷ クレショフ効果

写真の組み合わせでユーザーが描く物語が全く異なる。例えば左は旅行に行けて嬉しい、右はデートの約束ができて楽しみと解釈することができる

同じ化粧品でも、画像の組み合わせによって想定しているターゲットの年齢層が全く異なる。的確な画像を選ぶようにしよう

❸ 準拠集団

準拠集団とは、家族や学校、職場など人間の行動に強い影響を与える集団を指します。

その集団に属している人は、準拠集団内での声や評価には大きく影響され、それ以外の集団の目は特に気にならないという性質を持ちます。

LPでよく見かけるお客様の声や口コミ、人気モデルの起用といったコンテンツは、この準拠集団の性質をうまく狙ったものとなります。

このようなLPで定番のお客様の声や口コミを掲載する目的は、ユーザーにとても近い立場の人間だと思わせるため。

現在自分には当てはまらないが、将来そうなりたいと望んでもらうために、上記のようなキャッチコピーはよく使用されている。

❹ フィッツの法則

フィッツの法則とは、人間の動作と時間に関する関係を示し、Webブラウザ上におけるターゲットへのポインター移動時間を示すものです。

ユーザーにポイントを合わせてもらいたい**ボタンやバナー等の対象物は、現時点のポイントよりも近くて大きいほどアクセスしやすい**というものです。

このフィッツの法則は、例えばLPの下部にボタンを固定配置してすぐに申し込めるようにしておくケースなどに有効活用されています。

▼ LPデザインで使える認知心理学❹フィッツの法則

スマホ閲覧時に下部固定ヘッダーを設ける理由は申し込みたいと思った瞬間の衝動を逃がさないため

グローバルナビゲーションやTOPに戻るボタンなどが、すぐ見つけられる位置にあるのは、この法則に従っているから

その他にも、認知心理学で解明されている知見はLP制作の様々な部分において活用ができます。

ぜひLPデザインのアイデアを出したり、根拠を考えるひとつのヒントとして取り入れていきましょう。

▼ LPデザインの代表的な心理効果

❶ カクテルパーティー効果

LPのターゲット層に興味を持たせるテクニックである。ターゲットの属性や興味に関連する情報を配置することで、「自分に関係のある情報」と認知させる。この手法により、効果的にターゲットに呼びかけ、LP全体を読んでもらうきっかけを作り出すことができる。

❷ シャルパンティエ錯覚

シャルパンティエ錯覚は、表現方法を工夫することで、同じ分量やサイズでも異なる印象を与えるテクニックである。例えば、10gを「10,000mg」と表記することで、実際の重さよりも重く感じさせることができる。このように単位や表現手段を変えることで、凄みやボリューム感を演出することが可能である。逆に、「90日間」を「3カ月」と表記することで、期間を短く感じさせることもできる。これにより、情報を受け取る人に対して、意図的に異なる印象を与えることができる。シャルパンティエ錯覚は、このように重量感の知覚に関連するのに対し、フレーミング効果は意思決定の上での心理的バイアスのこと。

❸ プラシーボ効果

プラシーボ効果とは、実際には機能や性能に直接影響を与えないデザイン要素を利用して、ユーザーに特定の印象や感情を抱かせるテクニックである。例えば、高級感のあるパッケージ写真を用いることで、ユーザーに「品質が高い」と感じさせることができる。この効果を活用することで、ユーザーの期待や信頼感を高め、製品やサービスの魅力を引き立てることができる。

❺ クレショフ効果

イメージの組み合わせ方によって読者に与える印象を変えることができるテクニック。想定ターゲットに近いモデルを起用することで、ターゲット層に対して商品をより身近に感じてもらい、購入意欲を高めることができる。この手法により、モデルと商品の関連性を強調し、ターゲット層の共感を得ることが可能となる。

❹ アンカリング効果

定価を表記することで、読者の頭の中に価格の基準が決まるため、値下げ後の価格のインパクトをより強めることができ、割安感を与えることができる。価格だけではなく、重さや期間など別の概念にも応用できる。

❻ 視線誘導効果

写真の目線の先にタイトルを配置することで、読者の視点が向かいやすくなるテクニック。別名「誘目性」と呼ばれ、デザインの基本的な法則のひとつ。目線ひとつで印象が様変わりするので、写真素材を選ぶ際は十分に注意。

❼ バンドワゴン効果

多くの人が社会的に支持していることを可視化することで、商品やサービスに対して読者が信用を感じるようになるテクニック。ランキングや口コミなどもバンドワゴン効果を狙って表現することでより効果的な訴求になる。
※根拠のない「第1位」は優良誤認表示として法律に違反する可能性があるので注意すること。

❽ プライミング効果

先行刺激（プライマー）によって事前に特定のイメージを定着させるテクニック。例えば、「シルク」の画像素材をページに散りばめることで、「シルクのような美しい肌になる」というイメージを読者の頭の中に事前に植え付けることができる。この方法により、読者は無意識のうちにシルクの滑らかさや美しさと商品やサービスを結びつけるようになる。

▼ LPで使える心理学マップ

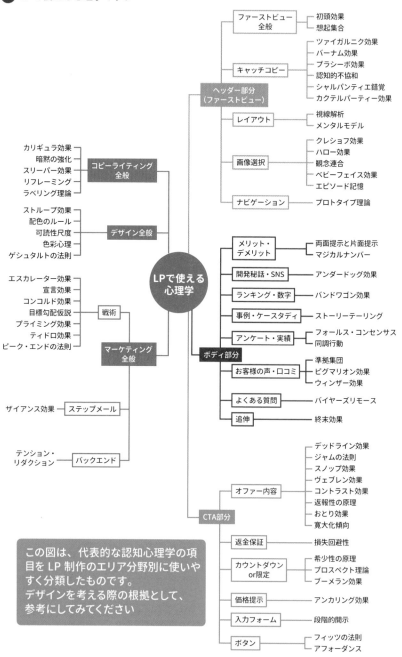

ヘッダー部分（ファーストビュー）

- ファーストビュー全般
  - 初頭効果
  - 想起集合
- キャッチコピー
  - ツァイガルニク効果
  - バーナム効果
  - プラシーボ効果
  - 認知的不協和
  - シャルパンティエ錯覚
  - カクテルパーティー効果
- レイアウト
  - 視線解析
  - メンタルモデル
- 画像選択
  - クレショフ効果
  - ハロー効果
  - 観念連合
  - ベビーフェイス効果
  - エピソード記憶
- ナビゲーション
  - プロトタイプ理論

LPで使える心理学

コピーライティング全般
- カリギュラ効果
- 暗黙の強化
- スリーパー効果
- リフレーミング
- ラベリング理論

デザイン全般
- ストループ効果
- 配色のルール
- 可読性尺度
- 色彩心理
- ゲシュタルトの法則

戦術
- エスカレーター効果
- 宣言効果
- コンコルド効果
- 目標勾配仮説
- プライミング効果
- ティドロ効果
- ピーク・エンドの法則

マーケティング全般

ステップメール
- ザイアンス効果

バックエンド
- テンション・リダクション

ボディ部分

- メリット・デメリット
  - 両面提示と片面提示
  - マジカルナンバー
- 開発秘話・SNS
  - アンダードッグ効果
- ランキング・数字
  - バンドワゴン効果
- 事例・ケーススタディ
  - ストーリーテーリング
- アンケート・実績
  - フォールス・コンセンサス
  - 同調行動
- お客様の声・口コミ
  - 準拠集団
  - ピグマリオン効果
  - ウィンザー効果
- よくある質問
  - バイヤーズリモース
- 追伸
  - 終末効果

CTA部分

- オファー内容
  - デッドライン効果
  - ジャムの法則
  - スノッブ効果
  - ヴェブレン効果
  - コントラスト効果
  - 返報性の原理
  - おとり効果
  - 寛大化傾向
- 返金保証
  - 損失回避性
- カウントダウンor限定
  - 希少性の原理
  - プロスペクト理論
  - ブーメラン効果
- 価格提示
  - アンカリング効果
- 入力フォーム
  - 段階的開示
- ボタン
  - フィッツの法則
  - アフォーダンス

この図は、代表的な認知心理学の項目をLP制作のエリア分野別に使いやすく分類したものです。
デザインを考える際の根拠として、参考にしてみてください

2 不合理な購買行動を 分析する行動経済学

行動経済学は、経済学と心理学を掛け合わせた学問です。LP制作においても、デザインの根拠を考える上で有益な知見が数多くあります。ここでは、いくつか代表的な行動経済学のトピックを挙げてみます。

行動経済学とは?

行動経済学とは、経済学と心理学の原理を組み合わせた分野で、人間の意思決定と行動がいつも合理的ではなく、さまざまな認知バイアスや感情、その他の社会的要因に影響されることを研究する学問です。

LP制作を通じたマーケティング戦略においても、この行動経済学の知識は様々な場所で用いられています。

すべてを紹介することはできませんが、いくつか代表的な概念を紹介していきましょう。

❶ アンカリング効果

▼ LP制作に活かせる行動経済学の概念❶ アンカリング効果

人間の購買心理がセール品の価格表示に沿えられた元の値段に影響されること。
本来の適正価格がわからなくても、お得だと感じてしまう

アンカリング効果とは、人が何らかの判断や評価をする際に、最初に提示された情報（アンカー）に強く影響される現象です。

例えば、価格交渉で最初に提示された金額が基準となり、その後購買を検討する際に影響を受けます。

LPでよく見られる初回限定価格などは、このアンカリング効果を直接的に活用している代表例といえます。

❷ フレーミング効果

▼ **LP制作に活かせる行動経済学の概念❷ フレーミング効果**

見た目の表現を変えるだけで、人間の購買行動に影響を及ぼすこと。
よく考えれば同じ内容であることを人は意外と意識しない

※シャルパンティエ錯覚は受ける感覚の違いで、フレーミング効果は意思決定に与える影響を指しており、両者は厳密には異なります

フレーミング効果とは、同じ情報や選択肢を異なる方法や単位で提示することで、人々の判断や決定が変わる現象です。

例えば、5グラム配合よりも「5000ミリグラム配合」と表記すると、多く成分が含まれている印象になり、「1分ですぐに登録！」よりも「60秒ですぐに登録！」といった方が、より早く登録できるイメージが湧いてきます。

LPデザインでもフレーミング効果を活かして、よりユーザーにインパクトの強い表現にすることは効果的でしょう。

❸ プロスペクト理論

プロスペクト理論（損失回避性）とは、利益を求めるよりも損失を避ける心理的な傾向のことをいいます。人間は利益を得る喜びよりも損失から来る痛みの方を大きく感じるためです。

▼ LP制作に活かせる行動経済学の概念❸ プロスペクト理論（損失回避）

得すること以上に、損することを回避したい人間心理。
ときには将来の利益よりも、目先の利益を優先してしまうことも

例えば、行動経済学の研究によると、一般人にとって1万円得られる喜びと1万円失う痛みは同じものではなく、1万円失う痛みの方が2倍以上大きいといわれています。

このプロスペクト理論をLP制作に応用したものが、期間限定やカウントダウンタイマーといった期限を過ぎると入手ができなくなるタイプのセールス方法です。やり過ぎは禁物ですが、セールスのタイミングによっては効果的な場合もあるでしょう。

❹ 極端回避性

▼ LP制作に活かせる行動経済学の概念❹ 極端回避性

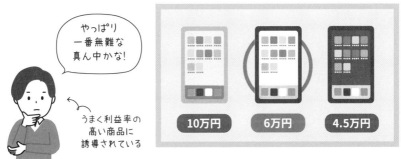

人は極端なものを選択することを避けるという心理傾向。
特に3段階の選択肢があった場合に、多くの人は真ん中のものを選ぶ（松竹梅の法則）

極端回避性とは、人々がいくつかの選択肢の中で極端なものを避けて、より中間的な選択を好む傾向です。

　簡単に言ってしまえば、松竹梅の竹を好む傾向のことですが、この極端回避性はLP制作に限らず私たちの生活の様々な局面で使われています。

　例えば、商品ラインナップを3つ用意して、うまく利益率の高い中間帯の商品に誘導するなど、価格設定においてこの極端回避性の考え方を参考にするのもひとつの手でしょう。

　この他にも行動経済学には様々な研究分野がありますので、興味があればぜひ関連書を紐解いて、LPデザインの根拠に活かせるものはないか調べていくと良いでしょう。

3 ユーザーに快適に使ってもらうためのUX/UIデザイン

Webデザインを学ぶと必ず出てくるUX/UIデザインという領域ですが、具体的にはどのようなデザインを指すのでしょうか？　ここではUX/UIデザインについて簡単に概要を説明していきます。

UX/UIデザインとは？

UX/UIデザインとは、ユーザー体験 (User Experience, UX) とユーザーインターフェース (User Interface, UI) の設計 (デザイン) することを指します。

▼ UX/UIの概念

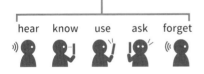

User Experience
UX＝目に見えない・主観的

hear　know　use　ask　forget

- ☑ UX=User Experience=ユーザー体験
- ☑ UXの扱う範囲は、その対象を知ってから完全に忘れるまでのすべての体験
- ☑ UXデザインとは、体験をデザインすること
- ☑ ただ、ユーザーの内面を含めた概念なので必ずしも意図的に設計しきれるものではない

User Interface
UI＝目に見える・客観的

hear　know　use　ask　forget

- ☑ UI=User Interface=ユーザーとの接点
- ☑ UIの扱う範囲は、マウスやタッチパネルなどユーザーとシステムとの接点
- ☑ UIデザインとは、使いやすく設計すること
- ☑ UXの中でも特に重要な使う領域を担い現実的に設計可能かつ目で見ることが可能

両者が最も異なる点としては、UXデザインは製品やサービスを利用する際のユーザー体験全般の向上を目指すのに対して、UIデザインはユーザーが直接触れる製品の見た目や操作感など、具体的なインターフェースのデザインを対象としている点です。簡単に言うと、**UXは体験をデザインすること、UIは使いやすく設計すること**と言い換えることができます。

UX/UIデザインが扱う領域は非常に幅広く、本書ではいくつかLP制作に活用できそうな知見をピックアップして解説していくことにしましょう。

❶ ヤコブの法則

ヤコブの法則とは、**ユーザーは他のサイトのデザインに慣れているので、その経験を新しいサイトにも適用すべき**というものです。

ヤコブの法則を活用すれば、LPを作る際にも訪問者が他のウェブサイトで既に慣れ親しんだデザイン要素やナビゲーションパターンを採用することで、直感的な理解と使いやすさを向上させることができるでしょう。

▼ **LP制作に活かせるUXデザインの法則 ❶ヤコブの法則**

法則があると…

他社のサイト

自社のサイト
※ユーザーは他のサイトの経験を通じて「こうあるべき」という先入観を築き上げる

自分が欲しい情報はどのサイトもこの辺りを見てクリックすればだいたい見つかるよね

ということは今見ているこのサイトも他のサイトと同じような場所に情報があるはず！

❷ ヒックの法則

ヒックの法則とは、**人間は与えられた選択肢が多ければ多いほど意思決定に時間がかかってしまう**というものです。

そのため、LP制作においてもこの法則を事前に考慮することで、選択肢をシンプルに提示して、ユーザーが迷わずに求めている情報やアクションを見つけられる

ようにすることが大切といえます。

▼ LP制作に活かせるUXデザインの法則 ❷ヒックの法則

❸ ミラーの法則

　ミラーの法則とは、人間は一度に7±2個の情報を処理できるというものです。いわゆるマジカルナンバー7の法則として知られています。

　LP制作においても、ミラーの法則を活かして、例えば「3つの特徴」や「5つのメリット」など伝えたい重要な情報をチャンク化（ナンバリング）して提示することで、ユーザーが情報をより簡単に処理し理解できるようにすると効果的でしょう。

　UX/UIデザインは、LP制作に限らずWebサイトやWebアプリを構築する上で欠かせない分野のひとつです。ぜひこれをきっかけに類書に当たるなどして見識を深めていきましょう。

▼ LP制作に活かせるUXデザインの法則 ❸ミラーの法則

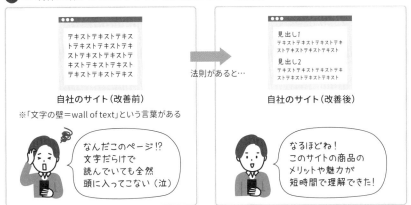

4 知らないでは済まされない 法律・法務の知識

ここではLP制作で扱う業界業種によって、事前に確認すべき必要性が出てくる法務関連の領域について簡単に概略を説明していきます。

LP制作をめぐるインターネット法務関連とは？

LP制作に携わる上で、切っても切れない関係にあるのがインターネット関連の法律です。

これらの法律を遵守した上で、LPを通じてユーザーに情報提供を行わないと、決して意図的ではなくても最悪の場合、犯罪行為につながってしまう可能性もあります。

LP制作に関する法務関連の知識があることは、そのような法律違反を防いだり、広告審査をスムーズに進める上でも非常に大切になります。

LP制作にまつわる法律には様々なものがありますが、中でも優先的に知っておくべき代表的な法律や規制を簡潔に紹介しておきましょう。

❶ 薬機法

薬機法とは、医薬品、医薬部外品、化粧品、医療機器、再生医療等製品（以下「医薬品等」）の品質と有効性及び安全性を確保するために、製造、表示、販売、流通、広告などについて細かく定めたものです。

正式名称は、医薬品、医療機器等の品質、有効性及び安全性の確保等に関する法律です。

例えば、医薬関連のLP制作において100％治る、がんに効くといった断定的・直接的な表現は全て薬機法の規制対象となります。

ネット上でLPを通じて医薬品や健康食品を販売する際、必ず関連してくるのがこの薬機法となります。たとえWebデザイナーの立場であっても、確実にNGとなる基本的な広告表現に関しては事前に把握しておくべきでしょう。

▼ 事前にチェックしておきたいLP制作に関連する主な法律

薬機法

医薬品、医薬部外品、化粧品、医療機器、再生医療等製品(以下「医薬品等」)の品質と有効性及び安全性を確保するために、製造、表示、販売、広告などについて細かく定めたもの

景品表示法

商品の不当な景品類及び表示による消費者の誘引を防止することで、消費者の利益を保護することを目的として定められた法律。正式名称は、不当景品類及び不当表示防止法

特定商取引法

事業者による違法・悪質な勧誘行為等を防止し、消費者の利益を守ることを目的とする法律

LPのフッターリンクや申し込みフォームなどに必ず記載しよう。
記載していないと広告審査通過しないケースも。

個人情報保護法

個人情報の取得・利用に関するルール、個人データの保管、提供に関するルール、保有個人データの開示等の求めに関するルールなどを定めている法律

主な広告表現の取り締まり対象

不当表示 日本一や第1位などのNo.1表示

ある程度の誇張・誇大は認められるが、著しく=社会一般に許容されている程度を超えた表示のこと

優良誤認表示
商品・サービスの品質、規格その他の内容について、実際のものまたは他の事業者の製品よりも著しく優良であると一般消費者に誤認させる表示のこと

有利誤認表示
商品・サービスの価格その他の取引条件について、実際のものまたは他の事業者の製品よりも著しく有利であると誤認させる表示

打消し表示 個人の感想であり、効果には個人差があります
価格・内容は予告なく変更する可能性があります

断定的表現や目立つ表現を使って、商材の内容や価格などの取引条件を強調した表示=強調表示において、例外がある場合はその旨の表示=打消し表示をわかりやすく適切に行うこと

ステルスマーケティング規制

ステルスマーケティング(ステマ)とは、実際には事業者による広告や宣伝であるのに、そのことを一般消費者から見てわかりにくいように隠して行われる表示のこと。2023年10月1日より新たに景品表示法上の不当表示に指定される

---

❷ 景品表示法

景品表示法とは、商品の不当な景品類及び表示による消費者の誘引を防止することで、消費者の利益を保護することを目的として定められた法律です。正式名称は、不当景品類及び不当表示防止法です。

例えば、絶対に痩せるといった誇大広告、根拠のない業界NO.1の実績といった優良誤認表示、全額返金保証と謳いながら実際には様々な条件がある有利誤認表示といったものが景品表示法における不当表示の代表例です。

特に昨今のLP制作の現場においてはその他にも、打消し表示やステルスマーケ

ティング規制といったテーマが話題になりましたが、景品表示法はLPデザインの具体的な広告表現や販売方法にも密接に関わる法律のため、度重なる法改正は常にチェックしておくべきでしょう。

❸ 特定商取引法

特定商取引法（特商法）とは、事業者による違法・悪質な勧誘行為等を防止し、消費者の利益を守ることを目的とする法律です。

なお、LPにおいてはこの特商法をフッター下部のリンクを通じて別ページで表示するのが一般的です。

特定商取引には、訪問販売や電話勧誘販売などの種類がありますが、インターネット取引はその中の通信販売に含まれ、販売条件の情報（販売価格・事業者氏名など15項目は商法11条、特商法施行規則23条を参照）について明確に記載しておかなければいけません。

特商法は、主にLPでよく見られる、初回無料プレゼント！と強調して、実際は自動的にサブスクリプション契約に移行させるといった販売手法を防ぐために用意されている法律です。

具体例として消費者庁から申し込みページに記載すべきガイドラインも提示されていますので、ぜひ一度目を通しておくべきです。

❹ 個人情報保護法（プライバシーポリシー）

個人情報保護法とは、個人情報の取得・利用に関するルール、個人データの保管、提供に関するルール、保有個人データの開示等の求めに関するルールなどを定めている法律です。

2022年4月に改正個人情報保護法が施行され、個人の権利拡充や企業や事業者の責務を追加、新しいデータ分類といった新たなポイントが追加されています。

LP制作の場合、すでに既存のホームページなどでプライバシーポリシーを作成済みであれば、そのページへのリンクを配置するケースが一般的です。

もし、未作成なのであれば、最新の改正内容に対応しているページを新規で作成する必要があります。

この他にもLP制作を通じてインターネット広告を展開していく上で、事前にチェックしておくべき法律は多々あります。

その規制内容も日々変化していきますので、スムーズな制作を行うためにも、常に最新情報をキャッチアップするように心がけることが大切です。

5 最先端のLP制作に必須 ChatGPT〜生成AI

LP制作の現場においてもChatGPTをうまく使いこなすことで、制作効率を格段にアップすることができます。文書・画像含めた生成AIに関する詳細は本書ではページ数の関係上割愛しますが、ここではLP制作でChatGPTを活かすアイデアをいくつか紹介することにしましょう。

第8章

┃ ChatGPTをLP制作の現場で活かすには？

ChatGPTをはじめとする生成AIは、すでに様々な業界業種で積極的に活用されていますが、LP制作においてもアイデア次第で活用方法は無限大に広がっています。

そこでどのような着眼点を持って、ChatGPTを優秀なアシスタントとしてLP制作の現場で活用していけば良いのか、いくつかのアイデアを紹介しましょう。

アイデア❶ 市場や業界業種を理解するために活用する

未経験の業界業種に関するLP制作を担当する際でも、ChatGPTを使えば各業界の概要を短時間で把握することができます。

また質問文（プロンプト）を工夫すれば、その業界での代表的なターゲット層やニーズなどを伺い知ることができます。

もちろんそれだけが全てではなく、その情報が正しいのかは自分で調べる必要がありますが、最初にクライアントの商品や業界を理解するためのキッカケとしては効果的でしょう。

アイデア❷ LPの全体構成や文章表現で活用する

ChatGPTをLP制作に活かす上で、最も便利なのが全体の構成やストーリーを考えてもらえることでしょう。

LP制作に関する情報を入力することで、おおまかな流れを記述してもらうこと

ができるため、成約に欠かせない情報や要素などを把握することが可能です。

　また、自分の頭で考えると意外と面倒な定型文（サンクスページの文言、自動返信メールの文言）なども、ChatGPTに考えてもらうことでLP登録後の流れもスムーズに作り上げることが可能です。

■アイデア❸ デザイン（配色など）の決定で活用する

　画像生成AIに関するノウハウも、今後LP制作の現場で広まっていくと思いますが、LPデザインで今すぐ使えるアイデアとしては、**最適な配色の選択肢を提示してもらうこと**でしょう。

　これまで数多の配色ツールがありましたが、色彩理論をある程度理解しないとうまく使いこなすことができなかったため、ChatGPTに質問文を打ち込めば適切な配色を提示してくれるのは魅力的です。

■アイデア❹ 広告の構成や広告文作りなどに活用する

　LPの主要な情報やターゲットをChatGPTに打ち込めば、その場で広告文や見出しのアイデアを提示してくれるのも活用すべきです。

　例えば、Google検索広告やMeta広告といった具体的な名称を指定して入力すると良いでしょう。

　また、LP以外にも動画広告などで、15秒間でどのような流れで話を展開すれば良いのかといったアイデアも瞬時に提示してくれます。

　こうした機能もどんどん利用していきましょう。

　このように、ChatGPTは使い方次第でLP制作の可能性を様々な形で広げてくれますが、ひとつ注意点としてはChatGPTの回答をすべて鵜呑みにしてはいけないということです。

　ChatGPTの言う通りにLPを作れば、それだけでバンバン成約が取れるという単純な話はどこにもありません。

　あくまでChatGPTはアシスタントの立場として活用し、決して思考回路停止状態で回答を鵜呑みにするのではなく、デザインの根拠や広告文の表現などが本当に適切なのかは最終的に自分自身で判断するようにしましょう。

　また、生成AIで作成した画像については、既存の著作物との類似点が認められると、著作権侵害となる恐れもあるので、十分に注意したいところです。

参考例：ChatGPTのアイデア集❶

制作を担当する市場や
業界業種の概要やニーズなどを把握する

自分の知らない業界については
とりあえず聞いてみる

> パーソナル英会話スクールの市場規模や業界ニーズを教えてください

パーソナル英会話スクールの市場規模は、地域や国によって異なりますが、英語教育の需要が高まっている現在の世界的なトレンドから、一般的に成長していると言えます。特に、英語を第二言語とする国やグローバルなビジネス環境で働く人々の需要が高いです。

パーソナル英会話スクールは、次のようなニーズに応えています:

1. 第二言語としての英語の学習: 英語は世界共通のコミュニケーションツールとして重要な役割を果たしています。ビジネスやキャリアの成長、留学や海外での生活など、様々な目的において英語の学習が必要です。
2. スキルの向上: 外国語としての英語のスキルを向上させるために、個別の指導やカスタマイズされたカリキュラムが必要な人々がいます。パーソナル英会話スクールは、生徒のレベルや目標に合わせた個別指導を提供することで、スキルの向上を支援します。
3. ビジネス英語のニーズ: グローバルなビジネス環境では、英語のコミュニケーション能力が求められます。ビジネス英語を学ぶためのニーズが高まっており、パーソナル英会話スクールはビジネス関連の英語学習プログラムを提供しています。
4. 英語教育の質の向上: 多くの人々が高品質な英語教育を求めています。パーソナル英会話スクールは、経験豊富な教師や効果的な教授法を通じて、生徒の英語能力を向上させるためのサポートを提供しています。

これらのニーズに対応するため、パーソナル英会話スクールは市場で成長しており、需要が高まっています。また、オンライン英会話の需要も増えており、場所や時間に制約されずに英語学習ができる利便性が求められています。

多くの場合は一般レベルの回答が返ってくるが、
それでも自分で調べるよりは遥かに効率が良い

memo - •

自分が担当した経験のない業界業種やテーマに関する概要や主要ニーズなど
をざっくりと把握する。Webデザイナー自身がマーケットを理解すること
で、LP全体の訴求力をより向上させることができる。

2 全体の流れをイメージするために
基本的な構成案を練ってもらう

今回はシンプルに聞いたが、年齢や性別、
地域など細かく設定するのも良い

> 脱毛サロンのランディングページの構成案を教えて下さい

> 脱毛サロンのランディングページの構成案を以下に示します。
>
> 1. キャッチコピー
>
> ・サロンの特徴や魅力を簡潔に表現するキャッチコピーを用意します。例えば、「つるすべ肌を手軽に手に入れるなら、〇〇脱毛サロンへ！」など。
>
> 2. サービス紹介
>
> ・脱毛サロンの提供するサービスを詳しく紹介します。サロンの脱毛方法、使用する機器や脱毛エステの種類などを示します。
>
> 3. 料金プラン
>
> ・サロンの料金プランを明確に示し、コストパフォーマンスをアピールします。プランの詳細や各コースの特徴、支払い方法やキャンペーン情報を記載します。
>
> 4. お客様の声
>
> ・実際に脱毛を体験したお客様の声を掲載し、サロンの信頼性を高めます。実際の口コミや評価を記載し、お客様の体験談を共有します。
>
> 5. サロン情報
>
> ・サロンの基本情報、アクセス方法、営業時間や定休日、施術可能なパーツなどの情報を掲載します。また、サロンの特徴や雰囲気、スタッフの紹介や証明写真も掲載します。
>
> 6. お問い合わせフォーム
>
> ・サロンの問い合わせフォームを設置し、お客様の質問や要望に対応します。フォームの必須項目や注意事項、個人情報保護についても明示します。
>
> 以上が、脱毛サロンのランディングページの構成案になります。これらの情報を整理し、わかりやすく伝えることで、お客様の興味を引き、コンバージョンに繋げることができます。

自分で悩んで書き進めるよりもはるかに短い時間で全体の流れを
組み立てることができる。ここから肉付けすると良い

---

memo

自分で画面に向かって何を書けばいいか悩む前に、まずは簡単な構成を作ってもらうと良い。この構成を通じて LP 制作に必要な情報が把握できるので、あとはヒアリングや情報収集に努める。

参考例：ChatGPTのアイデア集❸

ターゲットユーザーが普段抱える 悩みや欲求を挙げてもらう

ユーザーが抱えがちな悩みを
5つなど項目数を限定して聞くと良い

 パーソナルジムへの申し込みを検討しているユーザーが抱えている悩みを5つ挙げてください。

 1. 高額な費用: パーソナルジムの料金が高いため、経済的な負担が心配です。自分の予算に
合わせて適切なプランを見つける必要があります。

2. 効果的なトレーニングプランの選択: 自分にとって最も効果的なトレーニングプランを見
つけることができるか不安です。個々の目標やニーズに合わせたトレーニングプログラ
ムを提供してくれるかどうかを考慮しています。

3. パーソナルトレーナーの質: パーソナルトレーナーの能力や経験が十分なのかどうか心配
です。トレーナーの専門知識や指導スタイルによって、結果に大きな影響があると考え
ています。

4. 適切なスケジュール管理: 自分の忙しいスケジュールに合わせて、トレーニングの時間を
確保できるか心配です。仕事や家族の責任とのバランスを取ることが難しいかもしれま
せん。

5. モチベーションの維持: トレーニングを継続するために必要なモチベーションを維持する
ことができるか心配です。挫折せずに目標に向かって取り組むためのサポートや励まし
を受けることができるかどうかが気になります。

このように懸念材料がリストアップされるので、これらを先回りする
形で、悩みエリアのコンテンツを考えると良い

memo - •

LP内の「こんな悩みありませんか？」といった"悩み提示エリア"を考える
際に、具体的にターゲットユーザーが抱える悩みや欲求に関するキーワード
や切り口を短時間で考えてもらうと便利。

ファーストビューのキャッチコピーの候補を挙げてもらう

LPで提供するサービスに関連した
キャッチコピーを考えてもらうように提示

 水道管トラブルに対応する会社のLPを作ります。トップページに使用する適切なキャッチコピーを10個挙げてください。

1. 「水道管トラブルは私たちにお任せください！信頼と確かな技術で迅速に対応します」
2. 「水漏れや詰まりでお困りの方へ。プロの技術で瞬時に解決いたします」
3. 「水道トラブルでお困りの方へ。経験豊富な専門家が迅速に駆けつけます」
4. 「水道管トラブルに24時間対応！プロの技術で確実に修理いたします」
5. 「水道トラブルでお困りの方へ。安心と信頼のサービスをお届けします」
6. 「水漏れや詰まりでお悩みの方へ。迅速な対応と高品質な修理をご提供します」
7. 「水道管のトラブルを一瞬で解決！確かな技術と迅速な対応でお客様のお悩みを解消します」
8. 「水道トラブルのプロフェッショナル集団があなたのお悩みを解決いたします」
9. 「水漏れや詰まりでお困りの方へ。最新の設備と経験豊富な技術者がトップクラスのサービスを提供します」
10. 「水道管のトラブルに即日対応！安心と信頼の専門家がお手伝いいたします」

様々な候補が挙がってくるので、キーワードや言い回しを組み合わせて考えてみる
※法律が絡む案件についてはそのまま使用する前に確認が必要

memo --

ひとまずのアイデアレベルとして、キャッチコピーの候補を考えてもらうのも便利。この候補を土台にして、クライアント独自の実績や経歴などを加えると魅力的なキャッチコピーを作ることができる。

5 お客様の声をタイトル付きで 簡単に要約してもらう

場合によっては、長くなりがちなお客様の声の文章を要約することで、デザインする際の統一感を出すことができる

> 身体の不調を訴えたところ友人から「すごい先生がいる」と勧められて受診しました。
>
> 先生が丁寧にヒアリングしてくださった上で今身体がどういう状態か、どうして痛みが出ているのか、どう対処するかを説明しながら施術してくださるので安心して受けられました。最初はすごい先生とのことで緊張していましたが、実際はとても気さくで話しやすくユーモア溢れる先生です。
>
> 整形外科はレントゲンを撮って湿布をくれるだけ、接骨院は温めたり電気を流したりするだけという印象が強いですが、先生は症状や患部だけでなく、その人の体質や生活なども含めて総合的に診察してくださるので信頼できます。こちらの話をきちんと聞いてくださるのも安心してお任せできる理由の一つだと思います。
>
> 先生の施術を受け始めて、産婦人科でも改善しなかった生理不順が嘘のように改善されました。今では私本人より私の身体のことを理解していただいています。先生が施術で悪いところを治すだけではなく、普段の生活をどうしたら良いか親身になって教えてくださるのも有難いです。身体を良くしていこうと考えてくださっているのが伝わります。
>
> 先生のところに通い始めて、今まで知り得なかった自分の身体のことを知ることができました。おかげで以前より不調に対処できたり未然に防げるようになってきたと感じます。
>
> 毎回お伺いする度に心身ともに癒されております。
>
> 上記の文章をタイトルを付けて200文字程度で要約してください。

> 「信頼できるすごい先生に出会い、全身的な診察と施術で不調が改善された」という体験談。先生はユーモア溢れる話しやすい方で、症状だけでなく体質や生活も考慮して診察してくださる。生理不順も改善され、普段の生活の改善方法も教えてくれる。通院する度に心身ともに癒される。自分の身体を理解し、不調に対処できるようになった。

お客様の声はタイトルがあったほうが見やすいので
このように見出しを考えてくれるのは便利

---

memo

お客様の声は、アンケートなどを取ると文章の長さに統一感がないケースも多い。そこでタイトル付きで文字数を調整してもらうことで、デザインのレイアウトを考える際にとても楽になる。

ページ内のCTAにて使用する
ボタンの文言を考えてもらう

 子供向けの英会話スクールのLPにて、申込みボタンに使うと反応率が上がりそうなボタンの文言を5つ挙げてください。

1. "はじめよう！無料体験レッスン"
2. "楽しく学ぼう！申し込む"
3. "英語を楽しもう！今すぐ参加"
4. "一緒に冒険しよう！申し込み"
5. "英会話をマスターしよう！お申込みはこちら"

 脂肪燃焼サプリの定期購入をオファーするLPにて、申込みボタンの文言として最適なものを5つ挙げてください

以下は、脂肪燃焼サプリの定期購入をオファーするLPにおいて、申込みボタンの文言として最適なものの例です。

1. "今すぐ申し込む"
2. "お得な定期コースに申し込む"
3. "脂肪燃焼サプリを手に入れる"
4. "続けて結果を実感するために申し込む"
5. "特別価格の定期購入を利用する"

これらの文言は、行動を促す力強さや利益を強調する点に焦点を当てています。ただし、ターゲットオーディエンスや製品の特性によっては、他の文言の方がより効果的かもしれません。

単に「申し込みはこちら」ではなく、マイクロコピーの観点から
ボタンの文言のバリエーションを考えてもらうのも便利

memo

LPではボタン画像を作成することが多いが、そのボタンの文言の候補を出してもらうとデザインのバリエーションが広がるので大変便利。ボタンの上下にマイクロコピーとして配置するのも効果的。

参考例：ChatGPTのアイデア集❼

ターゲットに刺さるオファー内容の
候補を挙げてもらう

👤 高校生向けの学習塾の夏期講習を募集するLPで、最も適切なオファーを挙げてください。

🤖 【夏期講習特別キャンペーン！】高校生向け学習塾で一緒に夢を叶えませんか？

　　✦ 夏休み限定のスペシャルオファー ✦

🎇 1週間限定！特別プロモーション
夏期講習の期間中、通常価格から30%オフ！
限られた時間で効果的に学習を進めたい方におすすめです。逃すな！

🎁 限定ボーナス！無料模擬試験提供
夏期講習期間中にご入塾いただいた方には、無料で模擬試験を提供します。自分の実力を
測りながら、自信をつけましょう！

🎓 トップクラスの指導陣によるパーソナルサポート
経験豊富な教師陣が、生徒一人ひとりのニーズに合わせた最適な学習プランを提案します。
個別指導で、苦手分野を克服し、志望校合格に向けて確実なステップアップ！

🗓 スケジュールの柔軟性
忙しい夏休みでも安心！講習時間帯は朝・昼・夜と豊富にご用意しております。自分の生
活リズムに合わせて効率的に学習できます。

🔒 安心のサポート体制
感染予防対策を徹底し、安全な学習環境を提供します。教室内ではマスク着用や手指の消
毒を義務付け、生徒とスタッフの健康を最優先に考えています。

💬 ご家族の声からのお墨付き
多くのご家族からの高評価をいただいています。生徒一人ひとりの成長を見守り、サポー
トすることをお約束します。

📞 今すぐお問い合わせ・お申し込み！
ご不明な点やご相談がありましたら、お気軽にお問い合わせください。専任のスタッフが
丁寧にお答えいたします。

この夏、一緒に目標に向かって頑張りましょう！ご入塾お待ちしております！

実際にクライアント側が実施するかは全く別の話として、どのよう
な訴求がターゲットに響くのかヒントを得ることができる

---

memo ┈┈┈┈┈┈┈┈┈┈┈┈┈┈┈┈┈┈┈┈┈┈┈┈┈┈┈┈┈┈┈┈┈┈•

**具体的にどのようなオファーをするとターゲットの心に刺さるのか、一般的
なオファー内容を把握することができる。クライアントが訴求内容に悩んで
いる際のアドバイスなどで参考になる。**

申込後や予約後に表示する
サンクスページの文言を考えてもらう

> 歯科医院を経営しています。新規受付用のランディングページにて、予約完了後のユーザーに表示させるサンクスページの文言を考えてください。

> 「ご予約いただき、誠にありがとうございます！
> お口の健康をサポートするために、当院でお待ちしております。
> ご来院の際には、お持ちいただいた予約番号をお伝えください。
> 何かご質問や変更のご希望がございましたら、お気軽にお問い合わせください。
> 再度のご予約もお待ちしております。
> 素敵な笑顔と共にお会いできることを楽しみにしております！」

少し日本語が怪しい部分もあるが、これをもとに少し書き換えるだけで
サンクスページや自動返信メールの文言にすることができるので便利

> 歯科医院を経営しています。新規受付用のランディングページにて予約完了後のユーザーに送信する自動返信メールの内容を考えてください。

> 件名: ご予約ありがとうございます！予約完了のご連絡
>
> 本文:
> いつも弊院をご利用いただき、誠にありがとうございます。
> 以下の内容でご予約を承りましたことをお知らせいたします。
>
> ・ 日時: [予約日時]
> ・ 担当医師: [担当医師名]
> ・ 予約番号: [予約番号]
>
> ご来院の際には、お持ちいただいた予約番号をお伝えください。
> 当院では、お口の健康を最優先に考え、丁寧な診療と心地よい環境を提供しております。
> ご予約いただいた日時にお待ちしておりますので、お時間に余裕をもってお越しください。
>
> もし予約の変更やキャンセルをご希望の場合は、お手数ですがお早めにご連絡いただきますようお願いいたします。
> また、ご質問やお困りごとがございましたら、遠慮なくお問い合わせください。
>
> ご来院を心よりお待ちしております。
> ありがとうございました。
>
> 医院名
> 電話番号
> メールアドレス
> ホームページURL

いちいち考えるのがめんどくさい自動返信メールの内容も、簡単に下書きしてくれるので、これを活用すればすぐに設定ができる

---

memo

サンクスページの文言や自動返信メールの文面など、事務的な文章であるがゆえに自分で書くと意外と面倒な書面をすぐに考えてくれるのは便利。これを少し書き換えるだけでOKになる。

おわりに

本書をお読みいただき、ありがとうございました。

本書を一読したあなたは、すでにLP制作で必要な知識を身につけています。自信を持ってWeb集客の現場に関わってください。もしWebデザイナーとしてLP制作を担当するのあれば、マーケターや広告運用者の方々とより円滑にコミュニケーションが取れるようになっているでしょう。

LPはビジネスのための道具であり、売上と利益に直結しないLPに存在価値はありません。しかし、CV率やCPAなど数字至上主義でLP制作を捉えるのも本質を見失うことになります。LPの最大の目的はあくまで「理想のお客様」に出会い、そのお客様に理想の未来を提供することだからです。LPを通じてあなたの商品やサービスが輝き、多くの人に手に取ってもらえるように、本書の内容が役立つことを願っています。

最後に、前著『Web制作フリーランス入門講座』に続き、ソーテック社と担当編集者の大前さんに感謝します。また、LP制作に携わるフリーランス仲間たちと家族にも感謝しています。本当にありがとうございました。

フリーランス Web デザイナー　片岡亮太

書籍購入者限定特典サイトのご案内

★ **特典❶** 筆者による各章の「裏」音声解説（音声）
★ **特典❷** ランディングページ制作関連書籍リスト100
★ **特典❸** LPデザイン発注用シート（Excel）

など、収録しきれなかったコンテンツを特典として配布しています！
ぜひ本書の内容と合わせてご活用ください。

★書籍購入者限定特典サイトへの登録はこちら

https://kataokadesignmarketing.co.jp/book/lpintroduction

購入者パスコード：lpdesignkataoka

ご注意

本書に掲載した情報に基づいた結果に関しましては、著者および株式会社ソーテック社はいかなる場合においても、責任は負わないものとします。

本書は、執筆時点（2024年5月現在）の情報をもとに作成しています。掲載情報につきましては、ご利用時には変更されている場合もありますので、あらかじめご了承ください。以上の注意事項をご承諾いただいたうえで、本書をご利用願います。

※本文中で紹介している会社名は各社の商標登録または商標です。なお、本書では、©、®、TMマークは割愛しています。

みるみる成果が上がる！
ランディングページ制作入門講座

2024年7月10日　初版　第1刷発行

著　　　者	片岡亮太	
装　　　丁	広田正康	
発　行　人	柳澤淳一	
編　集　人	久保田賢二	
発　行　所	株式会社ソーテック社	
	〒102-0072　東京都千代田区飯田橋4-9-5　スギタビル4F	
	電話（販売部）03-3262-5320　FAX 03-3262-5326	
印　刷　所	図書印刷株式会社	

©Ryota Kataoka 2024, Printed in Japan
ISBN978-4-8007-1338-4

本書のご感想・ご意見・ご指摘は
http://www.sotechsha.co.jp/dokusha/
にて受け付けております。Webサイトでは質問は一切受け付けておりません。